INTERIOR SPACE SKETCH DESIGN

杨 健 邓蒲兵  编著

室内空间
快题设计与表现　第②版

辽宁科学技术出版社

沈 阳

图书在版编目（CIP）数据

室内空间快题设计与表现 / 杨健，邓蒲兵编著. —2 版. —
沈阳：辽宁科学技术出版社，2019.1（2022.8 重印）
ISBN 978-7-5591-1012-1

Ⅰ . ①室… Ⅱ . ①杨… ②邓… Ⅲ . ①室内装饰设
计 Ⅳ.①TU238.2

中国版本图书馆 CIP 数据核字（2018）第259374号

出版发行：辽宁科学技术出版社
　　　　　（地址：沈阳市和平区十一纬路 25 号　邮编：110003）
印 刷 者：辽宁新华印务有限公司
经 销 者：各地新华书店
幅面尺寸：215mm×280mm
印　　张：10.5
字　　数：280 千字
出版时间：2011 年 3 月第 1 版　2019 年 1 月第 2 版
印刷时间：2022 年 8 月第 15 次印刷
责任编辑：闻　通
封面设计：周　周
版式设计：郭晓静
责任校对：尹　昭　王春茹

书　　号：ISBN 978-7-5591-1012-1
定　　价：69.00 元

投稿热线：024-23284740
邮购热线：024-23284502
投稿信箱：605807453@qq.com

CONTENTS
目 录

01 室内空间快题设计概论 ··· 4

02 室内空间快题设计方案形成的过程与训练方法 ············· 16

03 室内空间快题表现技法 ··· 28

04 室内空间快题设计的基本类型 ································· 60

05 室内空间快题考试技巧与快题案例表达解析 ············· 116

06 考研快题设计实例评析与模拟训练 ························· 140

07 优秀马克笔表现作品欣赏 ······································· 158

后记 ··· 168

室内空间
快题设计概论

INTERIOR SPACE
SKETCH DESIGN

一、室内空间快题设计概念的含义与应用

设计是一个从无到有、理念转化的过程。在设计构思向实际方案的转化过程中，从设计者的创造理论基础来讲，确立文化、社会、经济、艺术、科学的理念尤为重要。

室内设计思维作为视觉艺术思维的一部分，它主要以图形语言作为表达手段。室内设计具有相当复杂的设计系统，本身融合了科学、艺术、功能、审美等多元化要素。从概念到方案，从方案到施工，从平面到空间，从装修到陈设，每个环节都有不同的专业内容，只有将这些内容高度统一，才能在空间中完成一个符合功能与审美要求的设计。协调各种矛盾成为室内设计最基本的专业特点。

设计概念源于对问题的分析而引出的初步设想，也是设计者对设计条件的回应。概念可以为设计程序以及成果指引方向。我们针对设计要求，应先将设计要求分为几部分并处理，之后加以结合使之成为一个完整的空间设计。理解设计、功能分区、交通流线与设计风格的定位、与环境的互动、经济性，这五部分为一个整体，共同作为一个成功设计的核心，在解决功能问题的前提下，如何更好地组织空间，将艺术融入空间之中，使人得到视觉与精神上的享受，这都是设计者要考虑的问题，而快速设计能够很好地解决这些问题。

（一）快题设计的基本含义

快题设计是指在有限的时间内（通常3～6小时）完成一个方案构思，并将设计成果在一幅或有限的几幅版面内尽可能完整、流畅地表现出来。这种特殊形式的设计通常称之为快题设计。

1. 快题设计是综合能力的展现

快题设计从表面来看，仅是一个表现的形式，其内在则是设计基础、设计技能、设计方法以及设计综合素质等方面的大集成，需要通过漫长的观察、沉淀后，才能取得好的效果。快题设计仅是一个"以小见大"的设计水平的评估载体。

快题设计是在短时间内完成审视→把握设计要求→整理设计要素→创造性思维→合理构思设计方案的功能组织与形态结构→方案的完成表现。

2. 快题设计是一种图示思维设计方式

在设计的前期尤其是方案设计的开始阶段，最初的意象是模糊、不确定的。而设计的过程就是对设计条件的不断"协调"，图示思维方式即把设计过程中有机的、偶发的灵感及设计条件思考和思维意象记录下来。

（二）快题设计的应用范围

（1）设计师注册考试。

（2）研究生入学考试和各种专业技能考核。

（3）相关企事业单位的招聘面试。

（4）设计实践中的运用。

考试时需在规定的时间内提交一个"草图"方案，有时也要面对着委托人当场作业，其情形也可归于快题设计范畴。

二、室内空间快题设计的作用

1. 作为设计构思的主要手段

快题设计是一个优秀设计师应该具备的基本功之一。特别是在概念设计阶段，它能快速捕捉头脑中稍纵即逝的灵感，直接反映在纸上，通过不断推敲构思，从而深化设计。建筑师伍重在构思方案时陷入绝境，偶然间看到白帆般的壳体，并下意识地联想到悉尼港的风景，脑海中立即显现出两者融合后宛如船与帆组合般的奇特景观。于是赶紧勾勒了一张草图，结合地理位置、海洋文化，采用帆船与贝壳的外形为设计元素，造就了悉尼歌剧院永恒的魅力（图1-1）。设计师要具备自由的想象力与精益求精的态度，同时，设计从一定程度上作为服务性行业，还要尽可能地满足业主提出的各种要求。快题设计同时也是一种工作交流的方式，将设计意图快速地转化为文本方案及手绘草图，能直观地与业主进行良好的沟通，同时深化设计方案。

快题设计是室内设计的构思原型，是最初的形态化描述，更是设计者创造性思维最活跃的阶段，设计雏形就是从这里产生的。快题设计表现出原创性、灵感性、活跃性和设想性，是一个设计的理念，或者是一个抽象的见解，同时也是一个具有形态与结构的表现形式，通常以速写为载体（图1-2）。

2. 作为与业主沟通交流的媒介

建筑大师安藤忠雄在《大师草图》一书中谈道："我一直相信用手绘制草图是有意义的，草图是建筑师一栋未完成的建筑，是与自我还有他人的一种交流方式。"建筑师不知疲倦地将想法变成草图，然后又从草图中得到启示，通过一遍遍不断重复的过程，推敲自己的构思（图1-3、图1-4）。

快题设计作为一个很好的沟通方法，能在草图设计中激发灵感，将设计构思清晰地呈现在图纸上，完成与业主良好的沟通。同时，

图1-1 澳大利亚·悉尼歌剧院

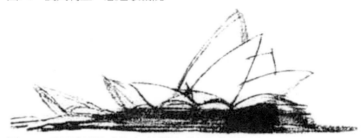

图1-2 悉尼歌剧院建筑方案草图 约恩·伍重

图1-3 西班牙·毕尔巴鄂古根海姆艺术博物馆

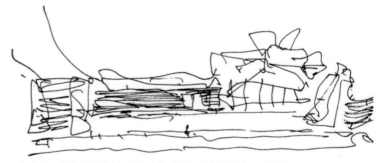

图1-4 毕尔巴鄂古根海姆艺术博物馆建筑方案草图

在接受业主要求的情况下，表现出满足其所需的空间场景，架起与业主畅快沟通的桥梁，有利于了解业主的想法与需求，大大地提高了工作效率，也提高了方案设计的通过率。

交流越多，碰撞越多，越有利于方案的深化，也利于各个方面的理解。特别是在面对业主时，能够针对他们的户型图，快速设计出几个不同的方案，虽然有时方案还不太成熟，但是由于这种快速设计的能力，往往能够增加业主对你的信任，达到快速签单的效果，同时通过交流更能真正地理解业主的需求，从而为业主提供其真正所需的设计方案（图1-5）。

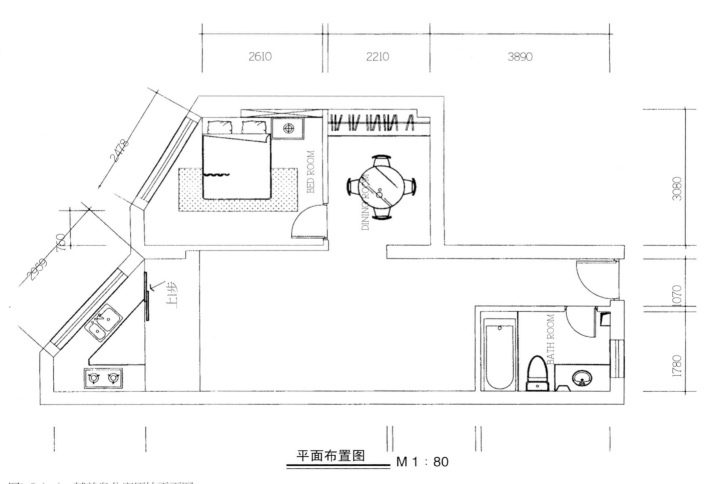

平面布置图　M 1：80

图1-5（a）　某单身公寓原始平面图

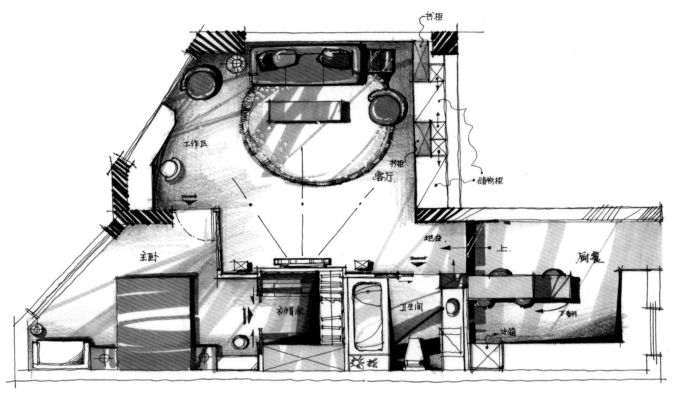

图1-5（b）　直线型平面设计草图（一）

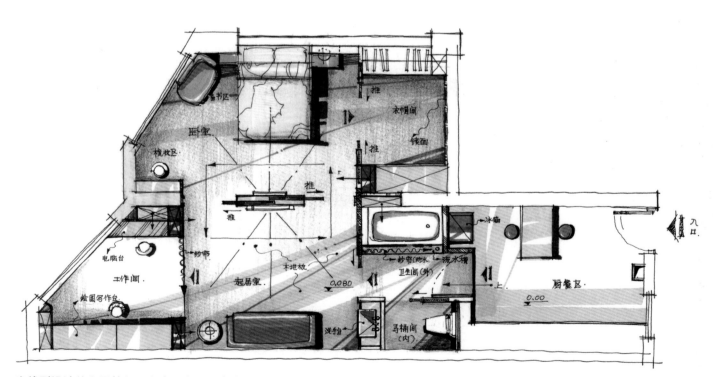

直线型设计的主要特征：突出、容易、定向、有力、快速、逻辑性、坚固、明晰、有序、意料之中、刚性、静态、基本、枯燥等
图1-5（c）　直线型平面设计草图（二）

有时候手中的笔在恣意游走之时，不经意间设计灵感已在脑海中浮现，再将瞬间的灵感快速地表现出来，整个创意表现的过程是通过手和脑来完成的，绝不是光动脑不动手的空想，随手记录可以为你汇聚很多灵感。然后再将这些随手勾画的草图加以整理后，交由计算机效果图设计师后期处理，一份精致、直观的方案效果图便会跃然纸上。有了草图作为设计师与绘图师理念交接的桥梁，设计师卓越的创意构思便会一步一步地由幻想变成现实。

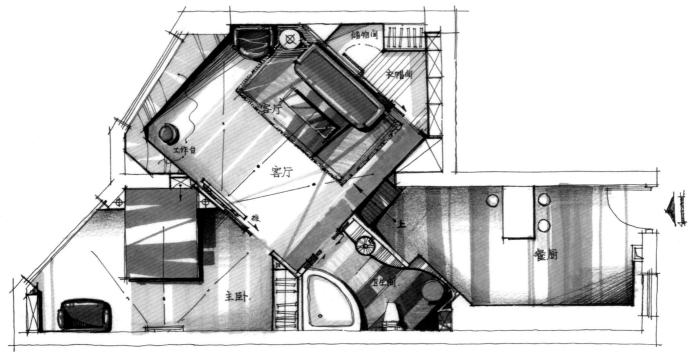

斜线型设计的主要特征：动态、活跃、兴奋、大胆、强烈、锯齿状、活力、变化、紧张、快速、联结等

图1-5（d） 斜线型平面设计草图

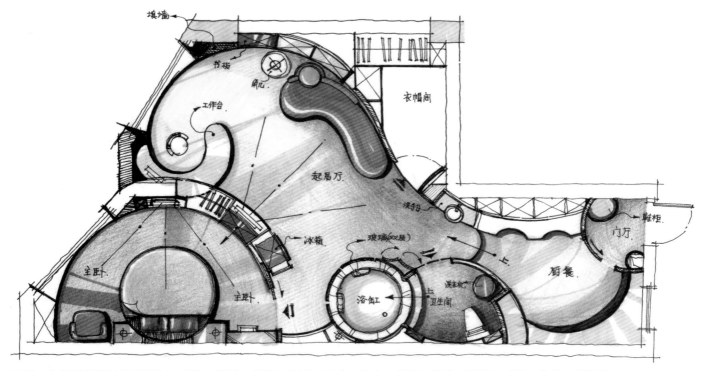

圆型、曲线型的设计主要特征：柔软、精致、愉悦、流动、正式、折中、美丽、优雅、随意、感性、旋转、平滑等

图1-5（e） 圆型、曲线型平面设计草图

3. 训练快速设计能力是对常规设计教学的补充

目前，对于大部分室内设计专业学生来说，快速设计能力相对比较薄弱，大部分同学面对平面图经常在茫然中不知如何下手。原因概括起来有如下几点：

（1）平常很少去积累一些常用的设计元素和空间处理手法。

（2）在设计过程中缺失对一些常用处理手法的运用，容易产生设计的"硬伤"，从而导致方案的不合理性。

（3）对于手绘表现手法掌握的熟练度不够。有时候很好的创意无法表现出来，从而影响到设计结果。

快题设计表现上与速写很相似，但在内容上是有区别的。速写注重表现形式和技法的训练（图1-6~图1-8），强调的是画面的艺术性，而快题设计更注重构思和创意。

快题设计一般是有设计命题的，不仅是对室内空间设计的原创速记，还必须对室内内部结构进行分析记录。所以，快题设计可以是室内设计创作草图，也可以加入图表、文字、形态并做综合解释和说明（图1-9、图1-10）。

图1-6 客厅空间快速设计与表现 杨健 绘

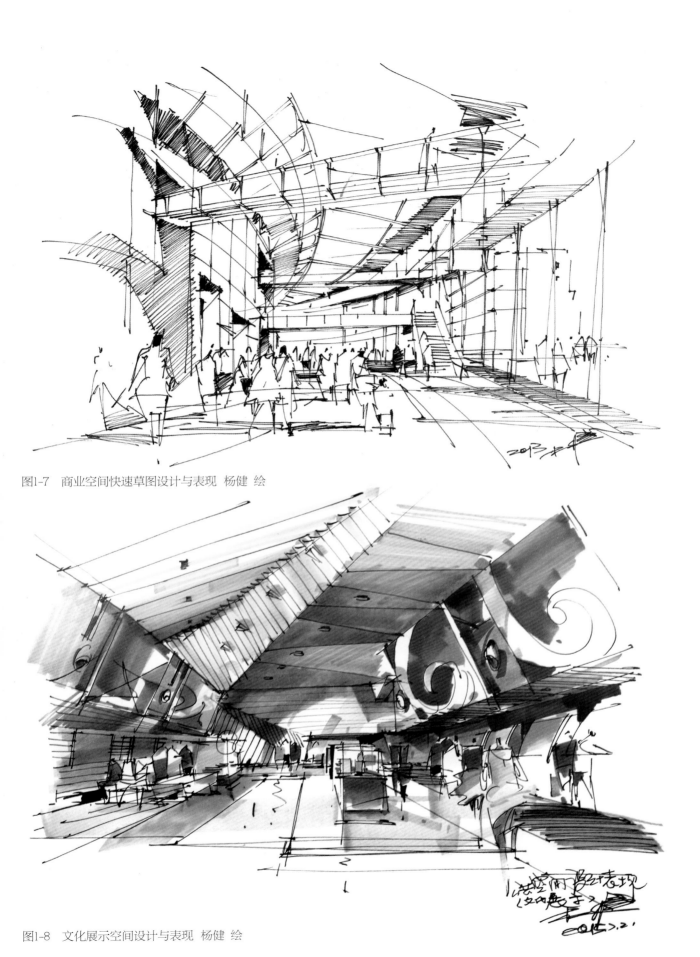

图1-7 商业空间快速草图设计与表现 杨健 绘

图1-8 文化展示空间设计与表现 杨健 绘

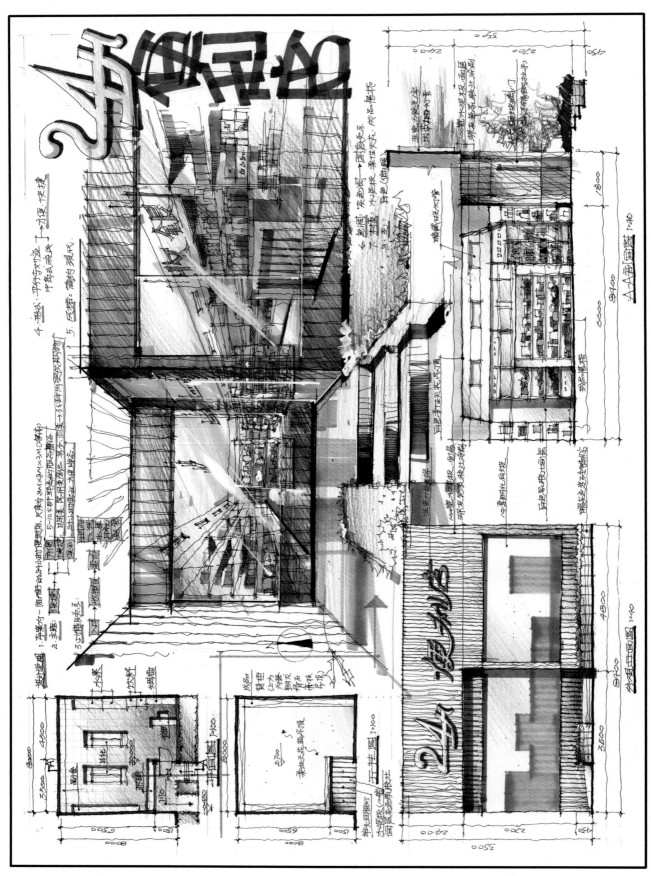

图1-9　便利店空间快题草图分析　秦瑞虎　绘

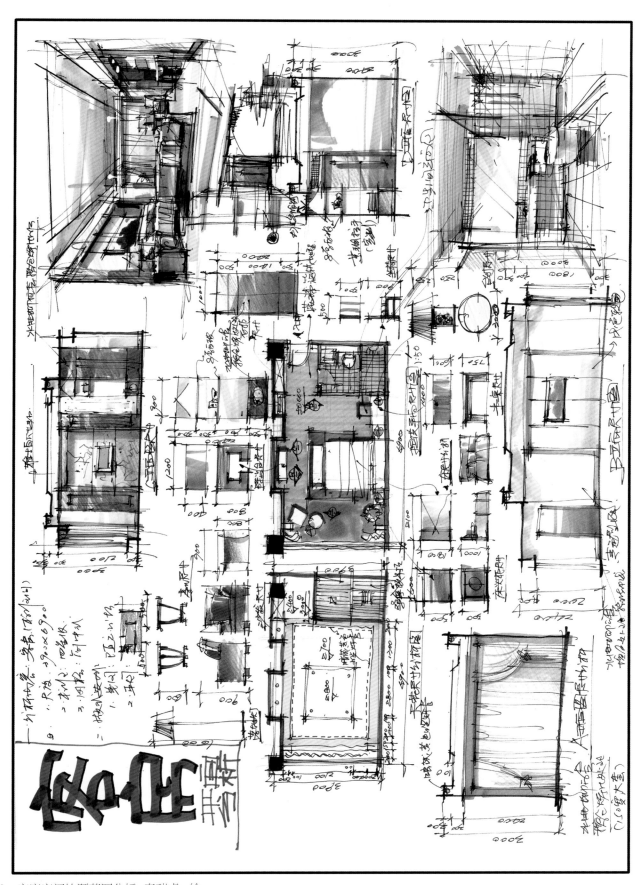

图1-10 客房空间快题草图分析 秦瑞虎 绘

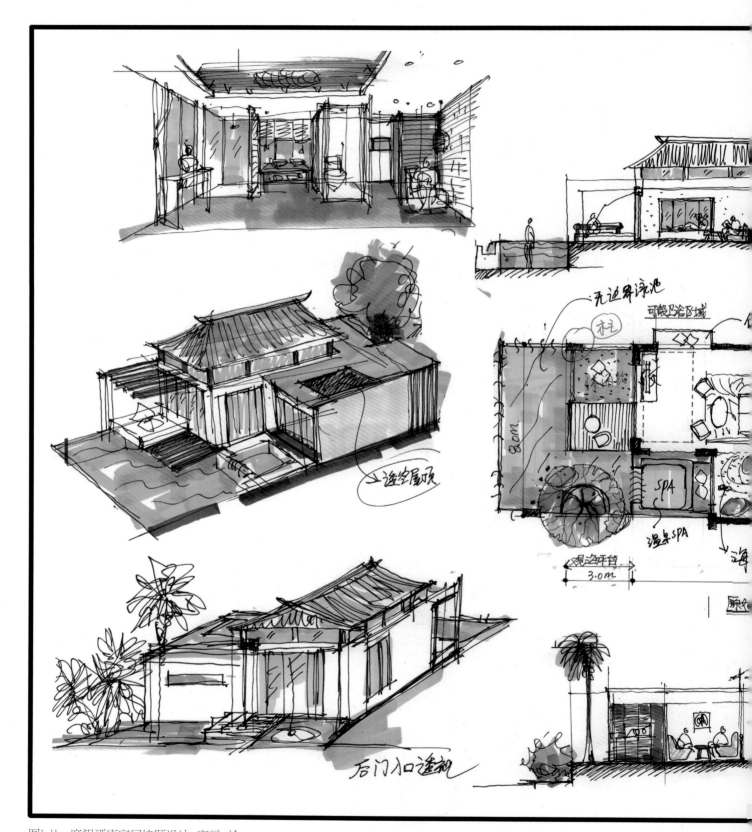

图1-11　度假酒店空间快题设计　富元　绘

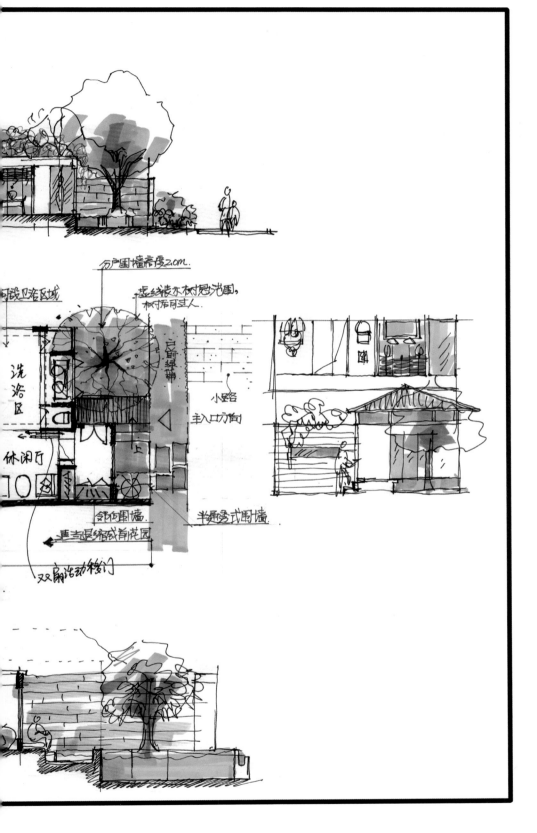

快题设计作为室内设计的必修课之一，同时又是专业基础课程，对培养学生和设计师的创造力和表现力起着重要作用。它是各门专业课程学习时必须掌握的交流语言与设计语言。实际上，真正能体现设计者最初创意并进行图形思维的是手绘构思草图，它是一种极具智慧的行为，是在生活与思想的融合中才有的创意冲动，所有艺术构思都需要手绘来表现。手绘构思草图包括平面功能布局草图、立面构图与透视草图。计算机不可能将其代替，至少目前计算机还不能在这个领域与人手一比高下。对于经过专业训练的设计者来讲，与眼脑的配合远高于人机的配合，至少是在图形思维的领域。手绘构思草图得到的是一种智慧，一种思考的过程（图1-11），计算机得到的只是一个结果。

室内空间快题设计方案
形成的过程与训练方法

INTERIOR SPACE
SKETCH DESIGN

一、室内空间快题设计思考模式

思维是一种复杂的心理现象，是大脑的一种能力。思维方法很多，在室内设计中要突出创新思维方式的训练。突破障碍就是突破自我，进一步说就是超越自我。超越是一个很高的境界，超越自我才是创新。思维的类型有很多种，如发散性思维、形象思维、直觉思维、创造性思维、抽象思维、逻辑思维等。关键在于我们如何有效地去运用与练习。设计是有目的的创作行为，设计思维的形成来源于对日常生活的观察与分析，如果没有享受和体验生活的过程就会丧失对生活的希望，缺乏追求美好生活的动力，也就很难产生好的设计创意。

通过平时对生活的观察，以及对生活中的细节与元素的提取，通过主动思考的方式来创造灵感，能够促成一系列的设计思维（图2-1）。

设计是人们有目的地寻求尚不存在的事物，其过程就是把各种细微的外界事物和感受，组织成明确的概念和艺术形式，从而构筑起满足于人类情感和行为需求的物化世界，即创造物质的产品和环境与创造精神的产品和环境，有时两者兼而创造之。可见，设计的本质就是创造。

设计理念的转化有一个从头脑中的虚拟形象朝着物化实体转变的过程，这个转变不仅表现在设计从概念方案到工程施工的全过程，同时更多的是设计者自身思维外向化的过程。从抽象到表象、从平面到空间、从纸面图形到材质构造成为设计意念转化的三个中心环节，它遵循着"循序渐进"的原则，由表及里逐步进行。

所以创造一个各个方面都很完美的室内空间，需要许多有效的技巧、范例和程序。

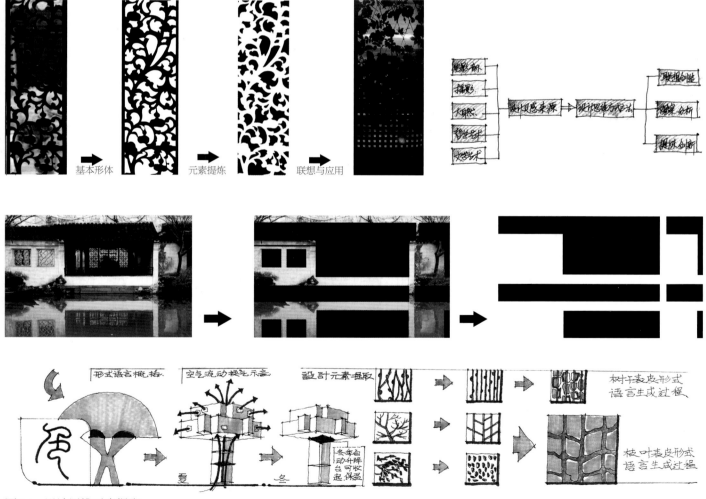

图2-1　设计思维元素提取

二、命题设计分析

快题设计具有很强的针对性，涉及的层面也会随着结构、材料、灯光等的不同而呈现出各种复杂的限定因素。一般快题设计都会有命题，设计者需要根据命题先进行分析，明确设计的核心以后，再确定目标，展开联想。

案例：在10m×10m×10m的围合空间里进行空间创意设计，从而产生富有创意的空间环境。对内部的功能材料、外在坐落的地点、内外的空间环境以及空间形式均无界定，注重空间原创性与纯粹性。

设计要求：
①设计说明中应有对设计作品背景的简略介绍，详细地阐述设计构思以及想法。
②设计图纸应包括总平面图、立面图、剖面图、效果图、创意设计分析图。
③图纸大小不超过4开。
④专业不限，表现方法不限。
⑤地形、地域及其他未规定的相关条件参赛者可自行设定，在规定的尺度范围内进行设计。

案例表现见图2-2、图2-3。

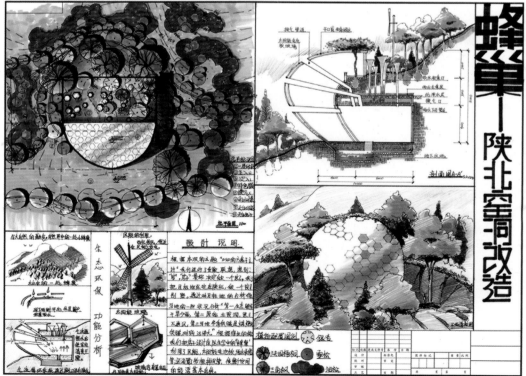

图2-2 庐山艺术特训营学员 绘

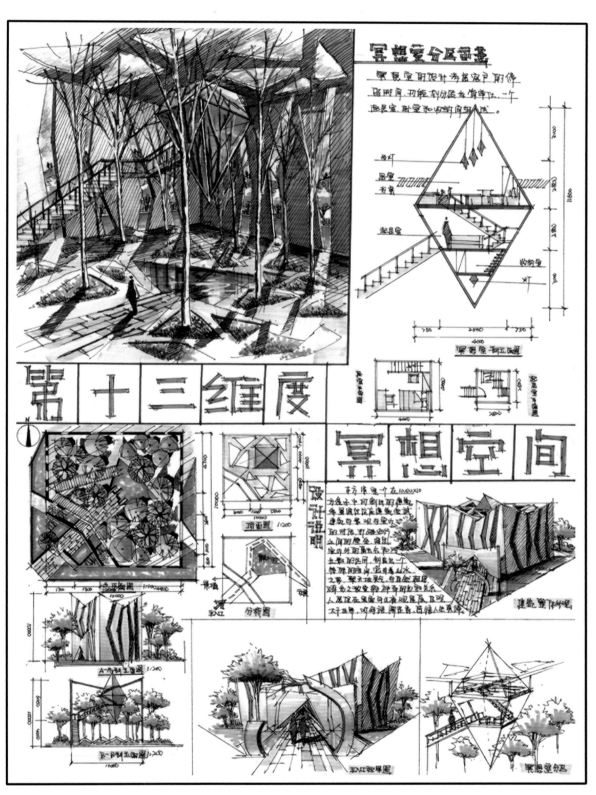

图2-3 庐山艺术特训营学员 绘

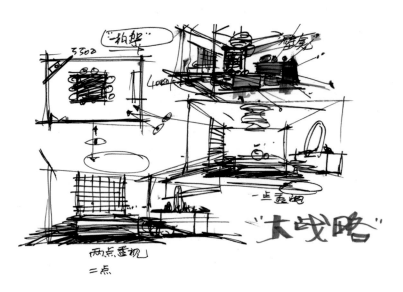

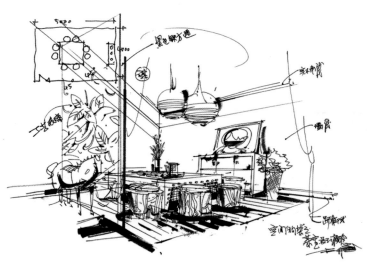

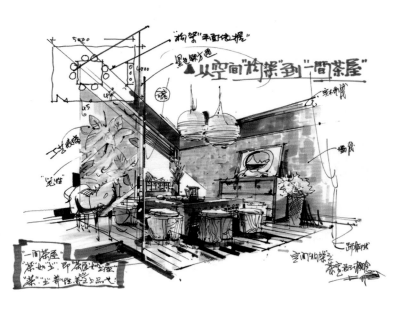

图2-4 茶室空间设计草图与表现 杨健 绘

三、室内快题设计方案形成过程

设计思维，实际上是一个从视觉思考到图解思考的过程，对形象的敏锐洞察观察力和对构图的空间想象力，是进行设计思维必须具备的基本素质，这种素质的培养主要依靠设计者本身建立科学的图形分析思维方式。通过对设计理论的学习，设计者应对室内的功能、空间组织、艺术和技术的处理等问题有更进一步的了解。在方案设计过程中，把这些设计要素整合起来，通过图形分析的思维方式，用笔将自己一闪即逝的想法落实于纸面，并在不断的图形绘制过程中触发新的灵感。室内快题设计思维的训练要求设计者通过阅读大量的资料，配合固定的课题内容进行设计，从而掌握不同的设计方法，能够从独立构思发展到绘制室内草图，直到完成最后的施工图纸（图2-4）。

（一）设计素材的搜集

设计意念从概念向方案转化，起初在设计者的思维中只是一个不定型的"发展意向"，它可能是一种风格、一种时尚、一种韵味。为寻找"设计意念"而需要大量搜集素材，也许当时大脑一片空白，所以要尽可能地获得相关信息，力求做到详尽而全面。

（二）信息处理阶段

要将一个设计理念转化为具体的空间实物，需要设计者经过艰辛的劳动。经过材料搜集阶段后，若干个"思路"在头脑中相互斗争，设计者要选取一个能够准确表达概念的物化形象，逐步形成"构想"，即设计定位。

（1）分析加工信息内容：对功能与目的的分析，业主需求分析，使用者的分析，使用功能分析，环境现状分析。
（2）确定"设计定位"即方向与思路：确定核心问题，寻找解决问题的办法。在此阶段思维以抽象思维、逻辑思维与收敛思维方式为主。

（三）设计草图构思

在一个完整的设计方案出炉之前，构思草图是直接表现设计意图的一种方式。往往画多个构思草图后进行优劣对比，从中选取最合理可行的部分进行初步方案制作。由此可见，构思草图在从设计到施工完成的过程中是基础的基础。与艺术创作不同，设计是一项具有明确针对性的思维活动。在现今大多数的考研快题设计中，许多学生感叹最多的就是时间不够或者是安排得不合理。所以说，在快题设计中，合理地安排好时间是做好设计的前提条件。考试过程中，大部分考生考试题目还没看清楚就开始草图构思，要注意到分析题目是关键，一般一个完整设计需要3小时左右，而分析过程则需要花15～20分钟。在草图构思过程中通常是多个构思、多个想法一起出炉，然后选择最合理的。这一过程也不用花费太多时间，30分钟左右即可。

（四）方案确定与表现方式

设计者在方案的取舍上往往会花费很多时间，在几个好的方案上出现难以取舍的现象。评定备选方案是否达到设计要求，可以从方案的切题性、方案的创意性、方案的感染力和方案的实施性四个方面来考虑。

对比优选是显示设计意图优缺点，研究和评价设计质量，寻求合理解决方案的最有效途径。因此，设计师有必要掌握多方面的速写草图技巧，从抽象到具体，从随意松弛到细致谨慎，并有必要理解技巧所产生形象的不同特征及效果。手绘表现能力对于考研快题来说也是至关重要的，好的表现方式给人的第一印象会影响到试卷分档情况，亮点突出则会进入A档，所以快题表现成果一定要简洁明快，以精练的图作展示，并不断发展新的设想。

（五）排版与展示

一般方案完成主要包括设计构思、效果图、细节表现图、大样图、立面图等，按照命题的要求来完成规定的设计，使设计内容达到最佳效果。在布局时，要有主有次，切忌多而杂。为突出主题，设计的主效果图通常选用一些有表现力的角度来进行表现。主效果图的表现可以多花费些时间去完成，放在显眼的位置，其余部分作为次要的对象来表现（图2-5、图2-6）。

版面安排应注意以下几点：

（1）画面排版匀称，设计中要求各部分精彩程度不同，如平面图上要素多，幅度应大；透视图直观具象，往往引人注意；分析图与文字应简洁明快，整体应匀称。

（2）排版时如果出现较大的空隙，需要进行适当处理，绘制出重要部分，根据情况安排标题与图例。熟练常用的标题可以节约考试时间（图2-7、图2-8）。

（3）排版要注意整体的艺术性与美观性，虽然考试中不做具体要求，但可以减少非智力因素失分。

图2-5　快题设计常用字体

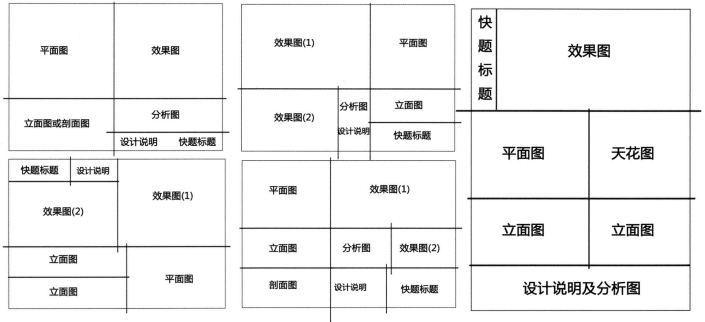

图2-6　快题设计常用版式

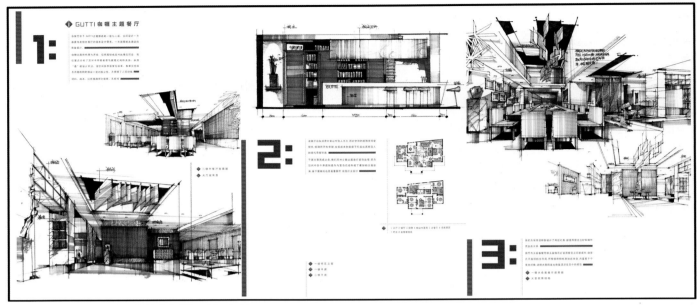

图2-7　家居空间快题设计版式案例　谭立予　绘

图2-8　家居空间快题设计版式案例　孙嘉伟　绘

四、快速设计能力与表现的训练方法

要想掌握快速设计能力，必须具备一定的设计理论知识和设计表达能力，同时按照一定的规律进行积累与提高。

在平时的练习过程中需要对考研常考的一些空间类型进行整理，针对平面布局和立面设计进行反复推敲，利用同一个平面做出不同的设计方案，分析每一个方案的优缺点，透彻理解，只有进行深入的强化训练才能够达到融会贯通。

平时也可以搜集一些历年的考试真题进行一些模拟设计练习，现在部分院校考研试题往往比较抽象，因而发挥的空间比较大（如以"和"为主题进行空间设计），练习时可以快速地进行概念性的草图设计，同一个平面多种方案，培养快速思考能力。久而久之，你就会发现做设计同玩游戏一样十分有趣，快速设计的能力也随之提高。

另外，平时也需要多去完成一些正规的平面设计图，严谨规范的图纸对于培养空间的尺寸感非常重要，也可以去临摹一些名家的设计平面图，在临摹的过程中去揣摩他们的设计意图和设计手法，这样可以帮助我们更好地积累设计知识。要知道"临时抱佛脚"很多知识难成系统，考试中也不能做到稳定的发挥，多练习、多动手才是学习快速设计的好方法。

理念的形成是设计者的首要任务，成功的设计源自对设计条件的深刻理解并在设计时做出准确的判断与定位。

设计概念产生的主要方式是通过对空间的思考来提出一种想法。通过主观意志对客观条件进行理解与分析，强调设计者的理念与个性。另外一种方式是设计者在设计过程中不断地搜集整理相关资料，而后相关的构想便会自然而然地被推理出来，最终得到一个成形的理念。

（一）概念练习

可以根据随时想到的空间、体验，也可以针对某个概念，例如可以结合人们熟悉的古诗词、典故、音乐、绘画、电影、哲学等题材的相关元素，进行构思和表达。这种练习训练了逻辑思维、想象和联想能力。方案设计到了一定层次就不仅是表现技法和具体的设计手法，更重要的是对某个问题的深层次思考，进而提出让人耳目一新、值得回味的见解。

设计的灵感来源于生活，搜集设计素材对于自身设计能力的提高有很大的帮助，现在搜集设计素材的渠道有很多种，如网络、杂志、书籍、音乐、写生、旅游、体验生活等，关键在于做一个有心人，经常做一些设计笔记，不仅仅会搜集到很多设计素材，同时也能提高手绘能力。

面对一个图形时，不应该停留在"它像什么"的一种感观上，而应上升到对图形以外的联想，通过再创造达到你所需要的图形，抽象的艺术形态给人的是一种感觉，同时也是一种造型方式（图2-9）。

图2-9　极地冰河居概念草图设计　余工　绘

（二）创意构思练习

随手在纸上画出几条线，或者随意勾画一个空间形态，进行平面形式和空间的深化、完善，甚至可以不赋予任何含义与功能。在这种发散练习中，对其他限制因素不予考虑，也不必在乎成果的不确定性，重在形态设计操作过程的顺畅。这种对思维放松、发散的训练可以有助于保持敏锐的观察力、好奇心和全面的创造力（图2-10~图2-12）。

总之，在分解练习中，应有针对性地解决设计和表现问题。此外，在正题训练之余进行放松的、发散的练习，在乐趣中增加对设计的感悟。平时多搜集一些设计语汇，在设计时作为相关的素材，更加容易激发灵感。明确问题的关键以及相关的主题，用自己的设计语言来重新对空间进行定位。多看、多想，打破常规地去思考，在常规的基础上加个"不"字。

（三）快速表现的训练

在快速设计中图纸表现和设计能力是相辅相成的，缺一不可。设计能力是一个长期积累与提高的过程，很难在短时间内突破。手绘能力是快速设计的一个前提，可以在短时间内通过有效训练快速达到一定的水平。在快速设计中，无论是设计还是表现都是一个快速反应的过程，最终还是要快！在平时做训练的时候需要有针对性地对某些空间进行表现练习，从而达到非常熟练的程度。多画一些设计草图对于我们提速有很大的帮助，快速草图是一个快速思考与快速表现的过程。

在表现训练过程中，要想一开始就能创造一个空间是比较困难的。建议先找一些比较好的范例进行适当临摹，通过一段时间的练习，慢慢培养对空间的感觉，这样做往往事半功倍。有了一定的手绘基础之后，开始逐步去表现自己所设计的空间，这样就能够循序渐进地掌握快速表现的方法。

在快题考试中手绘表现能力的好坏将直接影响到卷面的整体效果，进而直接影响到考试结果。同时，表现能力强有助于我们提高兴趣、树立自信。快题考试一般涉及几方面表现：平面图、立面图、效果图、设计分析图、版式与布局及文字说明等。需要有目的地进行练习，针对自己不太擅长的地方多下功夫。

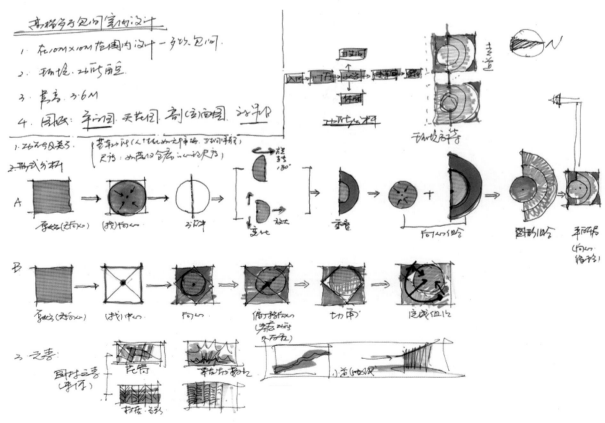

图2-10（a）　快速构思草图设计　秦瑞虎　绘

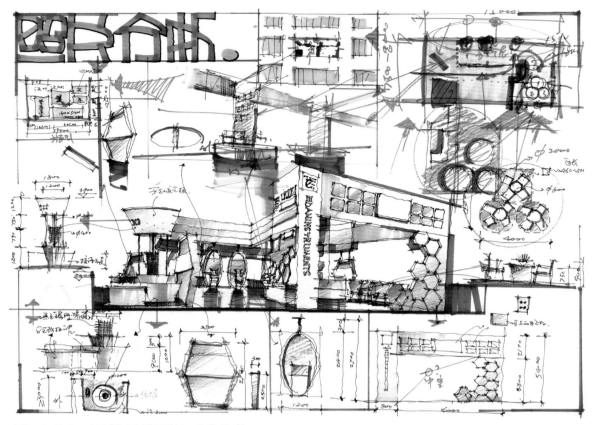

图2-10（b）　快速构思草图设计　秦瑞虎 绘

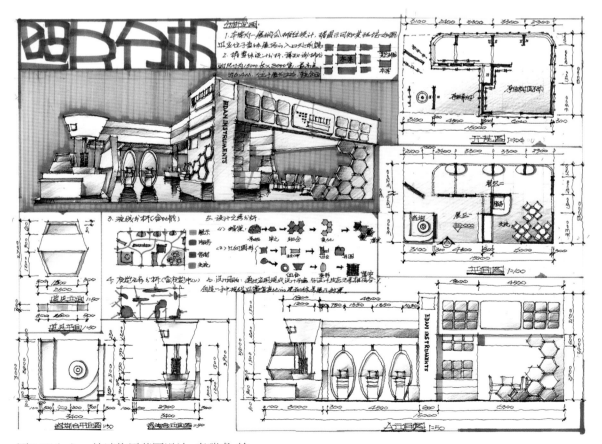

图2-10（c）　快速构思草图设计　秦瑞虎 绘

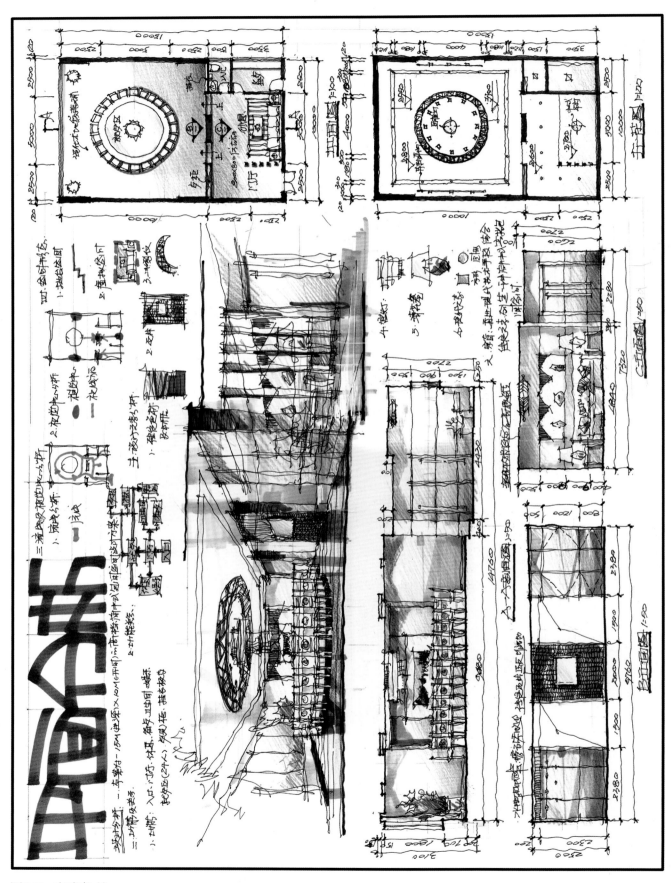

图2-11 秦瑞虎 绘

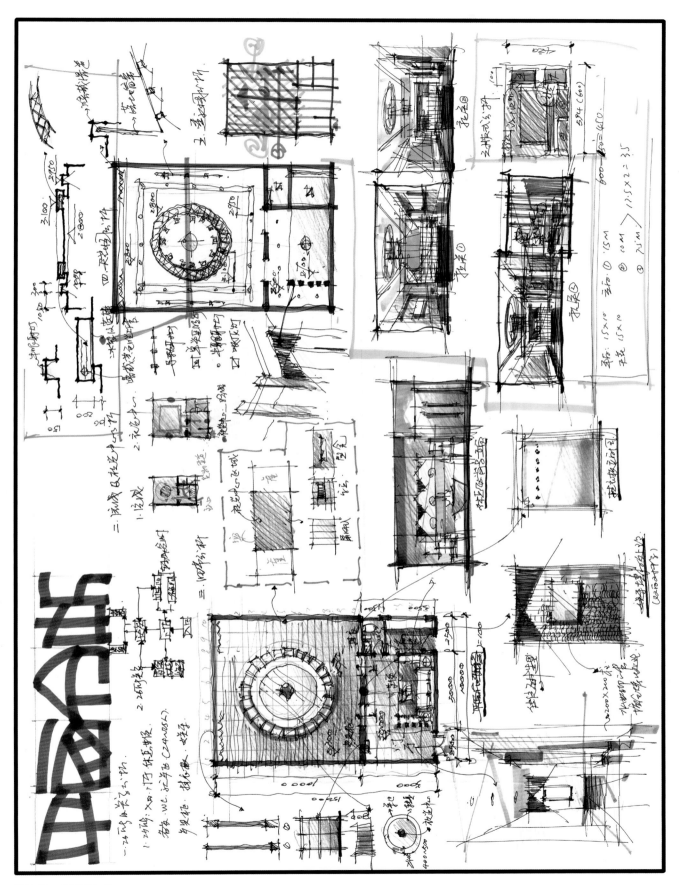

图2-12　秦瑞虎　绘

室内空间快题表现技法

03

INTERIOR SPACE
SKETCH DESIGN

一、表现工具

在快题设计过程中，徒手表现是设计师最为理想的手段。比起计算机绘图，徒手表现更为快捷，绘图工具也便于携带，更重要的是通过这种方式充分调动了手、脑、眼的积极性，使之相互协调激发设计构思。熟练者可以在短时间内徒手绘制多张草图甚至多种方案，这在计算机上是很难实现的。徒手方案草图中，模糊的、多重的软铅及炭笔线条，其不甚明确的特点有利于拓展思维、延伸想象，激发再创造、再判断的能力。在快题考试中，徒手表现更是唯一的方法，除了构思草图，还要将最终方案清晰明确地在图纸上表现出来，因此，准备一套得心应手的绘图工具也是非常重要的。

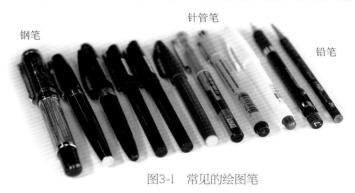

图3-1　常见的绘图笔

（一）笔类

铅笔、一次性针管笔、马克笔、彩铅是快速设计中最常用的工具，此外，炭笔、书写钢笔、水彩也较为常用。每种工具都有其特点，根据设计师不同的喜好，随意选择。从根本上说，工具本身并无绝对的优劣之分，但要注意不同的绘画工具适合不同工作阶段的要求。例如，草图阶段可以画得写意、自由、奔放，用铅笔表现较为合适，而正规的施工图类则需要画得工整严谨，因而应选择针管笔等。由此，对各种工具的运用也是有区别的（图3-1）。

中性笔　出水流畅，价格便宜，便于携带，是常用的绘图工具，但在硫酸纸上容易划破纸面。中性笔有水性和油性之分，水性中性笔易溶于水，若想设计图稿保存得更长久，最好选择油性中性笔，其遇水、水汽不易晕开，不容易使图稿模糊，便于持久保存。

针管笔　主要用于绘制正规设计图纸，主要型号有0.5mm、0.3mm、0.1mm、0.05mm、0.03mm等，可根据不同的画面要求选择不同型号的针管笔。

美工笔　借助笔头倾斜度绘制不同粗细线条效果的特制钢笔。绘图效果灵活多变，把笔尖立起来用可画出细密的线条；把笔尖卧下来可画出宽厚的线段。其灵活性是一般钢笔所不能实现的，但在收笔时容易出现顿笔，过渡不流畅不易于控制。

彩铅　对于初学者来说，彩铅是最容易把握的绘图工具，易于叠加，不像水彩及马克笔难以控制。使用彩铅以平涂为主，循序渐进逐步深入，形成统一的画面效果，同时不宜过多地强调单一笔触。彩铅结合粗糙的纸张绘图易于表现材质的肌理效果，通过叠涂易于形成退晕和混色等效果。但单一彩铅大面积地涂抹某一局部，会使画面过于平淡，因此最好采用彩铅结合马克笔搭配的绘制方式。市面上常用的彩铅品牌有马可、辉柏嘉、捷克等。

马克笔　包括油性与水性两种，使用较多的马克笔品牌主要有韩国TOUCH、美国三幅、AD、斯塔等。普遍用于设计绘图的是油性马克笔。油性马克笔具有色彩柔和、笔触自然生动、表现力强等特点，适用于效果图的表现。马克笔快速表现技法是一种既清洁快速，又有效的表现手段。说其清洁是因为马克笔具有快干、颜色纯而不腻、笔号齐全（避免频繁调色）等优点，因而运用起来非常快捷（图3-2）。

（二）图纸类

普通绘图纸质地较厚实，反复涂改不易擦破纸面，常用于正规图纸的绘制。由于不具备透明性，用其将草图转到正图上就不如硫酸纸方便。而使用有色纸相当于预先设定了一个近乎灰色的中间色调，在绘图时可直接作为中间色部分和背景，亮面高光部分可用涂改液或白色彩铅来完成，这样利于控制整个画面"黑白灰"关系，效果也非常好（图3-3）。

（三）尺规类

在方案构思草图设计阶段基本上不会用到此类工具，关键尺寸的定位会借助尺规的帮助。快题设计中，应该经常锻炼准确的比例尺度感，观察和判断物体的尺度不必完全依赖于尺规，徒手表现也能快而准确。在绘制正规图纸时会借助尺、比例尺、平行尺等尺规，绘制出严谨周密的手绘图纸（图3-4）。

三角板 主要用于垂直线和规则角的绘制。在绘图时将其紧靠在丁字尺上，为避免上墨线时弄污图面，还可以在尺子下面垫上厚纸片。

平行尺 具有滚动轴，运用平等滚动的原理能快速准确地绘制一组平行的线段，大大地提高了绘图的速度。

比例尺 在设计中，根据需要合理地绘制在图纸上，这就需要应用到各种比例尺，可以大大节省比例换算的时间。

对于徒手表现能力并不强的大部分考生来说，借助尺规作图不失为一种好方法。例如，在画室内空间时，多数为长而直的线条，借助直尺可以轻易达到。徒手绘画显得洒脱、有灵气，但不好控制，没有尺规绘画的精确和工整，对于初学者合理的方法是借助直尺、曲线板、圆板等用铅笔画出参考线或参考点，然后再徒手绘制。在快题考试中，考生应在符合考试要求的前提下，根据自身的实际情况选择合理的绘图方式。

图3-2 常见的色彩绘图工具：马克笔

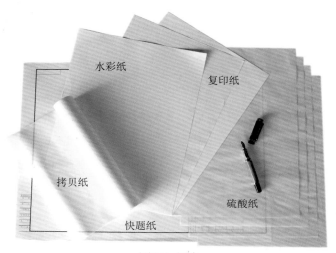

图3-3 纸类

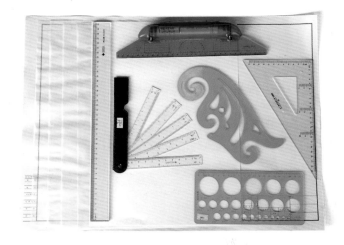

图3-4 尺类

二、透视训练与运用

在快题考试中，没有太多的时间进行正规的作图，所以需要找到一种既快速又准确的经验式的作图方式。常用的透视法主要以一点透视、一点斜透视、成角透视为主，而一点斜透视运用得最多。在完成空间的平面创意布置图之后，就可以开始进行徒手表现了。表现时除了对空间界面的处理要做到心中有数之外，其中最重要的环节就是对空间透视的把握和运用了。由于时间所限，我们没有更多的精力去仔细推敲与思考，若想准确快速地把自己的设计意图展现出来，关键还是要看对透视空间掌握的熟练程度，以及平时积累的一些常用的构图经验，这些都将有助于我们考试时快速地搭建空间。要画好一张徒手表现图，首先要"搭建"好一个具有"美的构架"的空间，犹如摄影师一样，要想很好地去表现对象，首先要给予对象一个完美的存在空间，同时也要选择好表现的角度与构图。

1. 一点透视

一点透视即平行透视，它的特点在于横平竖直，中心消失。室内表现图视点与视平线的选择很重要，这点决定了画面的构图。在画快速表现图时视平线常常定在0.5～1.2m之间，在这个范围内画出来的表现图通常看起来会比较舒服（图3-5）。

因透视涉及景深、虚实、构图，而且整个图还要有生动的艺术效果，所有透视图也是广大考生普遍感觉到棘手的问题，同时也能很好地考查考生的基本功与设计修养。好的透视图给人身临其境的感觉。透视图的种类很多，需要根据实际情况来选择（图3-6～图3-9）。

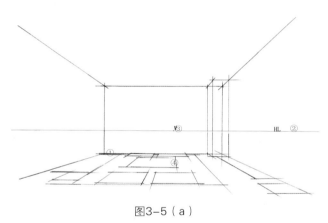

图3-5（a）

首先要注意画面的构图，确定一点透视的空间，同时确定内框的大小和位置①。其次，明确视平线HL的高度②，确定消失点在画面左右的位置，而后在视平线上找到消失点③。再次，确定空间中陈设物体在地面上的正投影④（此步骤关键在于根据图片的空间尺度确定空间的进深感）

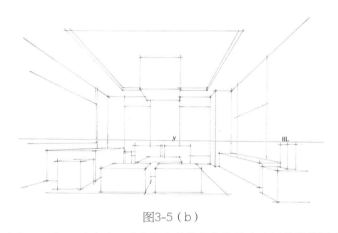

图3-5（b）

参考视平线HL的高度，确定相应的陈设物体的高度以体块的形式表达出来，可以由前到后进行（此步骤一定要注意物体与物体、物体与空间之间的比例关系）

图3-5（c）

继续深入画面，通过"加法、减法"勾勒出物体的结构与纹理，之后去掉多余的辅助线，深入刻画家具陈设等物品，最后完善构图，强化结构及画面主次虚实关系

图3-5（d）

马克笔完成图

图3-5 客厅一点透视步骤解析 孙大野 绘

图3-6 一点透视餐饮空间线稿表达 邓蒲兵 绘

图3-7 一点透视客厅空间线稿表达 邓文杰 绘

图3-8　一点透视客厅空间线稿表达　孙大野　绘

图3-9　一点透视餐饮空间线稿表达　孙大野　绘

2. 一点斜透视

一点斜透视是介于一点透视与成角透视之间的一种透视类型，相对于一点透视更加具有灵活性与表现力，也是大家常常会选择的一种表现方式。对于广大考生而言，用正规作图法则去完成透视会花费大量时间，而且容易失真，只要能熟练掌握透视原理，靠徒手透视画设计草图，既能节约时间又能很好地控制、调整画面，手绘草图需要快速流畅（图3-10~图3-13）。

图3-10 一点斜透视客厅空间线稿表达 孙大野 绘

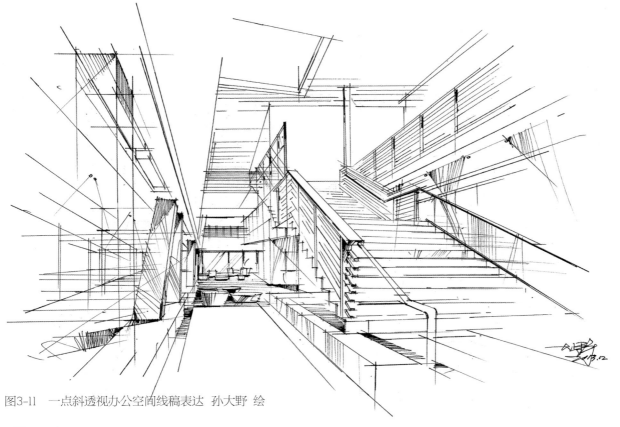

图3-11 一点斜透视办公空间线稿表达 孙大野 绘

图3-12 一点斜透视大堂空间线稿表达 孙大野 绘

图3-13 一点斜透视大厅空间线稿表达 孙大野 绘

3. 成角透视

成角透视也叫两点透视，它的运用范围较为普遍，因为有两个消失点，运用起来相对比较难掌握些。但两点透视能够使图面灵活、富于变化，特别适合表现较为丰富和复杂的场景，两点透视比一点透视从结构上多一分美感，以后会常运用（图3-14、图3-15）。

图3-14 两点透视卧室空间线稿表达 孙大野 绘

图3-15 两点透视餐饮空间线稿表达 孙大野 绘

某服装专卖店线稿表达步骤（图3-16）。

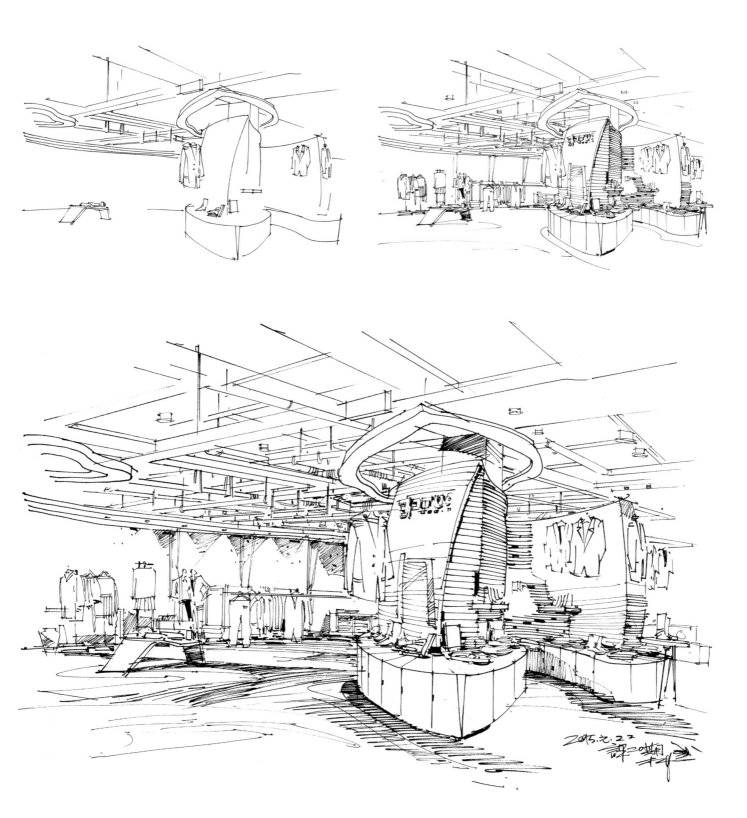

图3-16　某服装专卖店线稿表达步骤图　杨健　绘

三、表现技法

（一）马克笔表现技法

马克笔属于一种速干、稳定性高的表现工具，具备非常完整的色彩体系，可以供设计师选择，由于它的颜色固定，所以能够很方便地表现出设计者所预想的效果。因此，马克笔无论是在平面设计，还是在服装设计、产品设计中都被广泛地运用。

对于初学者来说，马克笔的运用相对难掌控，想要驯服这匹"马"，并轻松自如地驾驭它，首先要了解它的特性。在设计绘画中常用的油性马克笔具有高透明度，色彩丰富饱和，易挥发性，笔触明显，同一种颜色叠加变深等特点。一般在购买马克笔的时候控制在36～45支即可，高纯度色彩的马克笔用得比较少，建议少买，在作图过程中可以用彩铅替代。

制订一个合理的学习计划能使马克笔的学习事半功倍，由浅入深地学习，大量作业的练习，能够帮助熟练地掌握马克笔的使用技巧。马克笔的学习大致可以分为如下几点：

①不同笔触线条的训练。②体块光影关系的训练。③材质分类表现。④单体与组合表现。⑤整体空间表现。

1. 用笔训练

马克笔对画面的塑造是通过线条来完成的，对于初学者来说用笔是关键，马克笔用笔要点在于干脆利落，练习时要注意对起笔、收笔力度的把握与控制（图3-17）。

2. 体块光影训练

通过对体块的练习，熟悉画面的"黑白灰"关系，光影是马克笔表现技法中不可缺少的一个因素。

3. 马克笔笔触训练

初学马克笔时用笔是关键，也是使用马克笔的第一步。用笔讲究干脆利落，在用笔过程中长直线是比较难掌握的，使用马克笔时要注意以下几点：

① 起笔与收笔。开始和结束线条的时候用力要均匀，线条要干脆有力，不拖泥带水。

② 运笔的时候手臂要带动手腕，保证长直线有力度。

③ 掌握正确的用笔姿势，笔触与纸面要完全接触，同时保证视线与纸面保持垂直的状态。

马克笔虽然有粗细之分，但是练习时都需要注意以上几点，这样才能画出干脆、有力的线条。

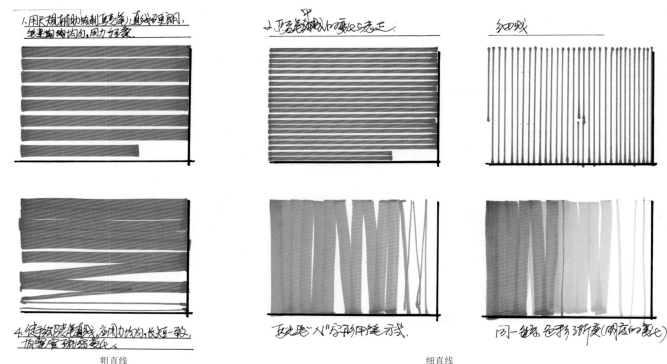

粗直线   细直线

图3-17　不同线条的排列

4. 退晕表现技法

色彩逐渐变化的上色方法称为退晕。退晕可以是色相上的变化，比如从蓝色到绿色，可以是色彩明度上的变化，可以是从浅到深的过渡变化，还可以是饱和度的变化。世界上很少有物体是均匀着色的。直射光、反射光都可以形成色彩过渡，色彩过渡能使画面更加逼真、鲜艳。退晕可以用于表现画面中的微妙对比。马克笔色彩的渐变效果将退晕技法的运用表现得淋漓尽致，是进行虚实表现的一种最有效的方式。在马克笔表现中，会大量地运用虚实过渡（图3-18、图3-19）。

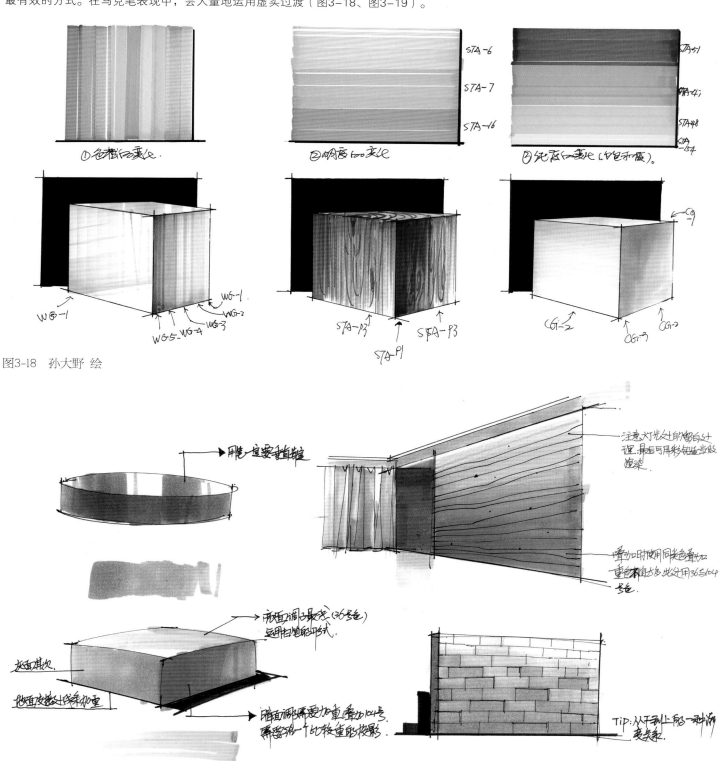

图3-18 孙大野 绘

图3-19 邓蒲兵 绘

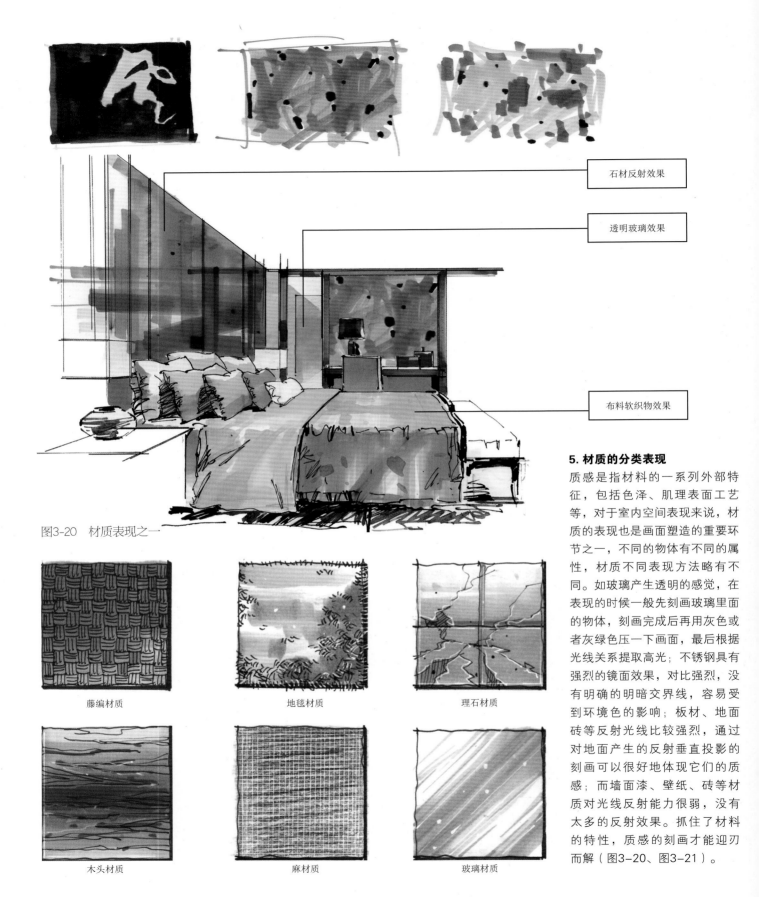

石材反射效果

透明玻璃效果

布料软织物效果

图3-20 材质表现之一

藤编材质

地毯材质

理石材质

木头材质

麻材质

玻璃材质

图3-21 材质表现之二

5. 材质的分类表现

质感是指材料的一系列外部特征，包括色泽、肌理表面工艺等，对于室内空间表现来说，材质的表现也是画面塑造的重要环节之一，不同的物体有不同的属性，材质不同表现方法略有不同。如玻璃产生透明的感觉，在表现的时候一般先刻画玻璃里面的物体，刻画完成后再用灰色或者灰绿色压一下画面，最后根据光线关系提取高光；不锈钢具有强烈的镜面效果，对比强烈，没有明确的明暗交界线，容易受到环境色的影响；板材、地面砖等反射光线比较强烈，通过对地面产生的反射垂直投影的刻画可以很好地体现它们的质感；而墙面漆、壁纸、砖等材质对光线反射能力很弱，没有太多的反射效果。抓住了材料的特性，质感的刻画才能迎刃而解（图3-20、图3-21）。

6. 马克笔单体陈设表现

表现案例见图3-22~图3-24。

图3-22 家具单体马克笔表现之一 邓蒲兵 绘

图3-23　家具单体马克笔表现之二　邓蒲兵　绘

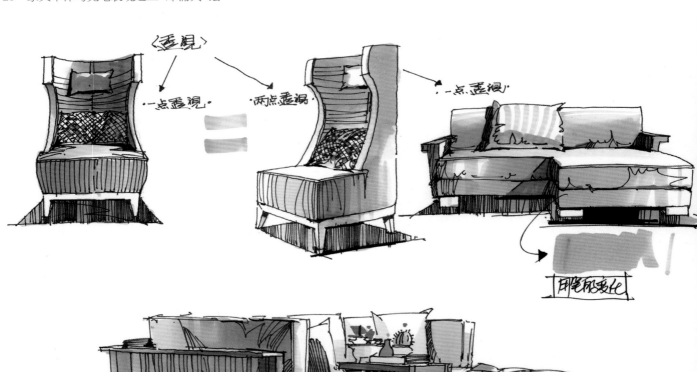

图3-24　家具组合体马克笔表现　杨健　绘

7. 公共空间马克笔色彩步骤示范

表现案例见图3-25。

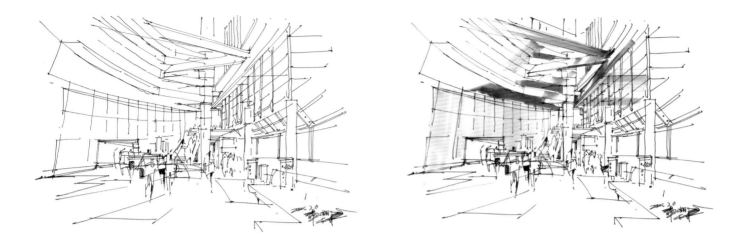

图3-25　杨健　绘

8. 餐饮空间快速设计与表现

表现案例见图3-26、图3-27。

图3-26　餐饮空间快速设计之一　杨健　绘

图3-27　餐饮空间快速设计之二　杨健　绘

（二）彩铅表现技法

彩铅分普通彩铅和水溶性彩铅两种。

彩铅的突出优点是设计师使用时对调子的细微变化和层次的把握较为容易。这跟它的硬质材料有关，使用者靠运笔力量大小不同来表现色调深浅变化。由于这种特点，使其在表现写实性很强的效果图方面优势明显。掌握它主要靠的是设计者的素描功底，如果素描能力不强，彩铅技法就很难掌控。

彩铅技法的另一特点，也可以说是弱点，是它的颜色种类有限，许多颜色无法表现出来。另外，彩铅画出的颜色（主要指某些纯色）与同色系水粉或水彩画出的颜色相比，在鲜艳度上略逊一筹。

1. 餐饮空间彩铅快速表现步骤（图3-28）

图3-28（a）

步骤一：用钢笔将设计好的空间勾勒出来，刻画时注意透视准确，细节刻画到位。强调明暗关系与投影，构图饱满，避免画面空洞

图3-28（b）

步骤二：根据设计构思，确定画面的基调，从明暗交界线的地方开始刻画，画的时候注意不要一次画得太深，同时注意渐变的过渡关系

图3-28（c）

步骤三：进一步确定画面的基本色调，逐步对画面暗灰色进行加深处理，强调明暗关系和画面的层次关系

图3-28（d）

步骤四：到这一步可以从重点部位开始刻画，画出精彩的细节，同时抓住画面的光影与质感，强调画面的氛围

图3-28　孙大野　绘

彩铅技法可以体现一个人的耐心与细腻，虽然其基本画法只有平涂和排线两种，但掌握起来很难。

练习时切忌心浮气躁，否则效果和儿童画无异。排线时应该认真地去排不同密度的线条以形成色调稳定而耐看的效果，并使表面有一点点的肌理以利于着色顺序安排，着色时应该按先浅色后深色的顺序，不可冒进。否则画面容易深色上翻，缺乏深度。

使用彩铅表现时最好选择有一定厚度的纸，因为后期可以用砂纸和小刀刮出细小亮部，尤其动人。另外，也可选择半透明纸，例如硫酸纸。由于可以正反两面着色，因而可以起到虚实相生的功效，画完后以一白纸为底也可在相对短的时间内获得细腻柔润的效果。

2. 彩铅表现范例（**图3-29～图3-31**）

图3-29　酒店客房彩铅表现　孙大野 绘

图3-30 客厅彩铅表现 谭立予 绘

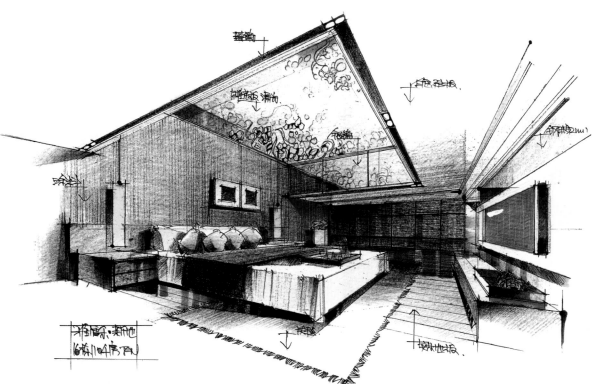

图3-31 卧室彩铅表现 谭立予 绘

（三）水彩表现技法

水彩是一种表现力很强的工具，快速，易出效果，但是比较难掌握。水彩快速表现与纯水彩表现有很大的区别，一般用得比较多的是钢笔淡彩，画好钢笔稿之后铺上淡淡的色彩，效果清爽，关键还是在于对水色的掌握与控制（图3-32～图3-35）。

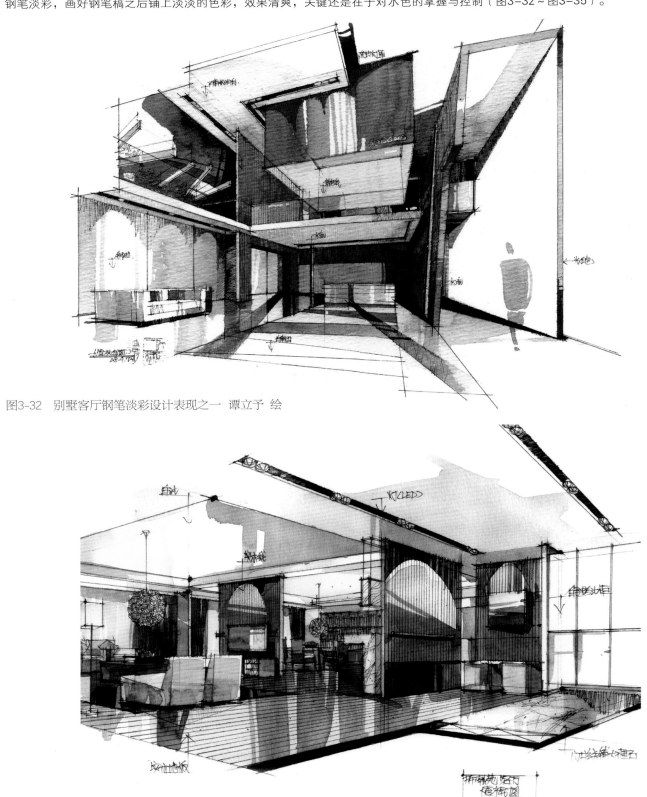

图3-32 别墅客厅钢笔淡彩设计表现之一 谭立予 绘

图3-33 别墅客厅钢笔淡彩设计表现之二 谭立予 绘

图3-34　别墅客厅钢笔淡彩设计表现之三　谭立予　绘

图3-35　别墅客厅钢笔淡彩设计表现之四　谭立予　绘

四、室内快题设计表现要素

（一）平面图

室内平面图主要是用来说明室内功能布局、交通流线、各种家具、家电陈设、各种绿化等之间的相互关系，以及通过平面图来判断整个设计是否合理与舒适的主要依据，所以它是快题考试中最具有分量的一张图纸。在平面图表现中，所选的图形不仅要美观还要简洁。同时要熟悉不同图例的表现方式（图3-36~图3-39）。在平面表现时要注意以下几点：

（1）平面布置图必须绘出所有涉及的家具、家电、陈设配饰等的水平投影，并按照规定的图例符号绘制出来。

（2）在绘制家具、家电时必须按照与平面图相应的比例来绘制，同时加上一定的投影关系，以便强调形体。室内设计中的吊柜，以及高于剖切平面以上的固定设施均用虚线表示。

（3）平面布置图中的尺寸应画出房间尺寸及家具、家电设施之间的定位尺寸，而与装修无关的尺寸可不标注。

（4）在平面图中还应标明需要装修的剖面位置和投影方向。不同图纸上面的表现方法略有不同。

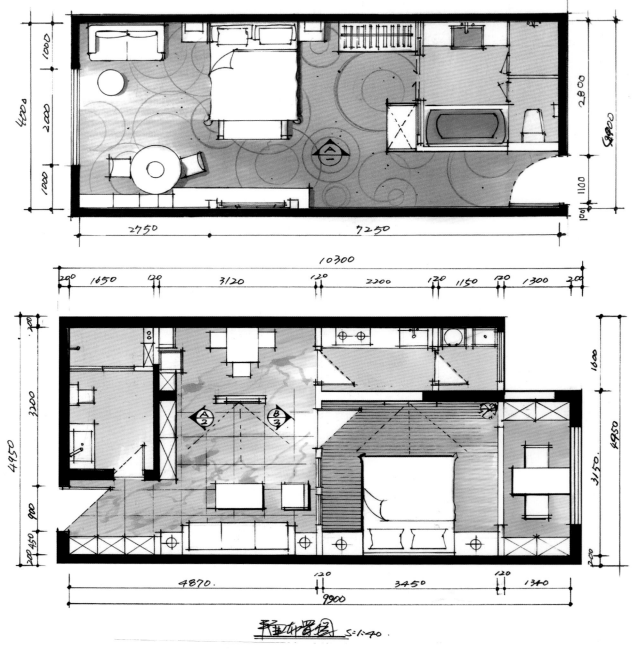

图3-36 酒店客房平面图与家居空间平面布置图 孙大野 绘

图3-37　家居空间平面布置图之一　谭立予　绘

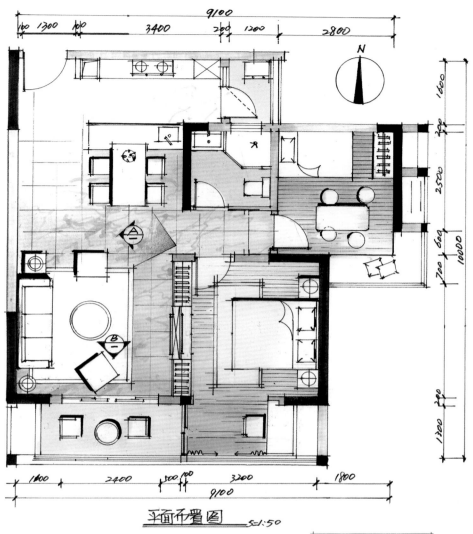

平面布置图 S=1:50

图3-38 家居空间平面布置图之二 孙大野 绘

图3-39 家居空间平面布置图之三 陈红卫 绘

（二）立面图、剖面图

立面图是将室内墙面按内视投影符号的指向，向直立投影面所作的正投影图，以此来反映室内空间垂直方向的设计形式、尺寸、作法、材料与色彩的选用等内容。

立面图是装饰工程施工图中的主要图样之一，是确定墙面做法的主要依据。立面图的名称，应根据平面布置图中内视投影符号的编号或字母确定（图3-40、图3-41）。

立面图应包括投影方向可见的室内轮廓线和装饰构造、门窗、构配件、墙面做法、固定家具、灯具等内容及必要的尺寸和标高，并需表达非固定家具、装饰物件等情况。立面图的顶棚轮廓线可根据情况只表达吊顶或同时表达吊顶及结构顶棚。

立面图的外轮廓用粗实线表示，墙面上的门窗及墙面的凸凹造型用中实线表示，其他图示内容、尺寸标注、引出线等用细实线表示。室内立面图一般不画虚线。室内立面图的常用比例为1：50，其他可用比例为1：30、1：40等。

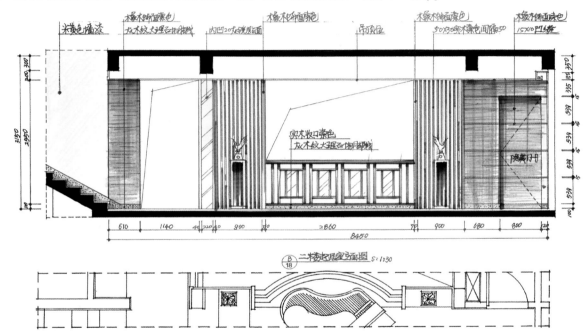

图3-40 某家居空间客厅剖面图 孙大野 绘

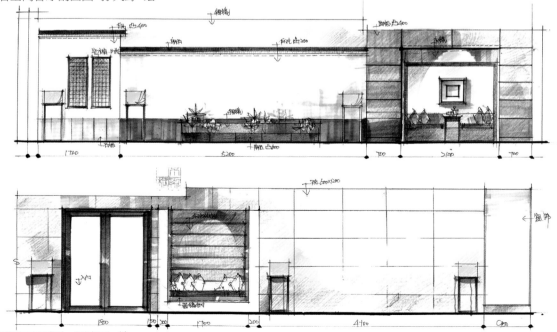

图3-41 某家居空间立面图 谭立予 绘

立面图的图示内容：

（1）室内立面轮廓线，顶棚有吊顶时可画出吊顶、叠级、灯槽等剖切轮廓线（粗实线表示），墙面与吊顶的收口形式，可见的灯具投影图形等。

（2）墙面装饰造型及陈设（如壁挂、工艺品），门窗造型及分格、墙面灯具、暖气罩等装饰内容。

（3）装饰选材、立面的尺寸标高及做法说明。一般应标注主要装饰造型的定型、定位尺寸。做法标注采用细实线引出（图3-42、图3-43）。

（4）附墙的固定家具及造型（如影视墙、壁柜）。

（5）索引符号、说明文字、图名及比例等。

剖面图在室内空间快题考试中涉及很少，这里不做具体说明。

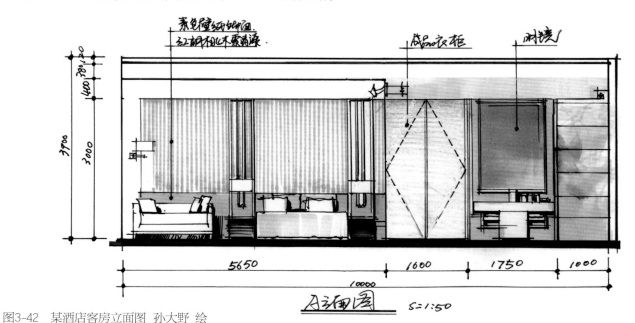

图3-42　某酒店客房立面图　孙大野　绘

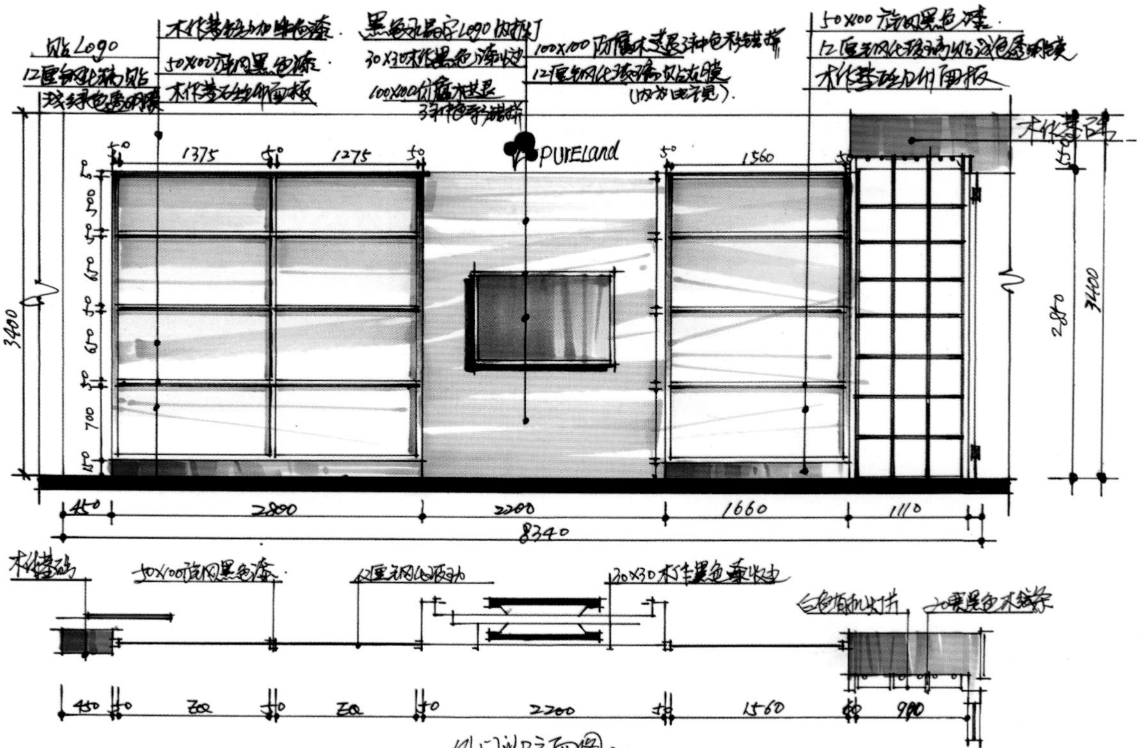

图3-43　某商业空间外门头立面图　孙大野　绘

（三）室内陈设与配饰

室内陈设是室内设计的重要组成部分，也是室内设计的精髓所在，室内设计与室内陈设设计有着共通的属性。陈设设计是在室内空间内，对陈设品的造型、色彩、位置等按照功能需求与审美法则，进行合理布置与规划，通过总体设计以充分体现其空间的艺术品位和文化内涵。

陈设设计始终是以表达一定的思想内涵和精神文化空间为主题，渗透着社会文化、地方特色、民族气质等精神内涵，对室内氛围的渲染有着举足轻重的作用。

合理地选择陈设艺术对于室内风格的定位起着决定性的作用，许多陈设品本身的造型、色彩、图案都具备了一定的风格特征。通过陈设配饰艺术可以打造不同的空间艺术风格，如古典风格、现代风格、地中海风格、田园风格等。

室内陈设又分为功能性陈设与装饰性陈设两部分，功能性陈设是指具备一定的使用价值或者观赏价值，主要包括家具、家电、织物（如窗帘、床套、地毯、抱枕等）和其他一些日用品，在满足功能的前提下，要十分注重造型与色彩的选择；而装饰性陈设主要是用于纯粹性的观赏，具有比较强的艺术性，主要包括艺术品、字画、工艺品、收藏品等。格调高雅，具有很强的文化内涵，能够很好地营造空间文化艺术氛围，赋予空间精神价值。

1. 家具陈设与表现

家具是室内陈设艺术中的主要构成部分，以其实用而存在，随着时代的发展，家具在满足其实用功能的前提下，其艺术性越来越被重视，这也要求我们平时应多去关注家具市场，了解熟悉不同的家具风格，对于快速设计与表现有着必不可少的作用。在这里建议大家平时看书或者翻阅杂志的时候多去搜集家具的图片，以一种设计速写的形式形成一个丰富的素材库（图3-44、图3-45）。

图3-44　客厅空间家具陈设马克笔表现　沙沛　绘

图3-45 客厅空间家具陈设马克笔表现 王姜 绘

2. 装饰性陈设配饰

艺术品本身的作用就是装饰，但并不是每一件艺术品都适合于室内装饰，更不是越多越好。当家具就位，织物悬挂铺设适当后，在适合的位置摆放一些有造型的艺术品进行装饰即可。

装饰性陈设主要作用是点缀，美化空间环境，陶冶人们的情操，其主要包括绘画、书法、壁饰、工艺品、雕塑、大餐瓶及陶艺等。需要平时多去关注这方面的素材，在表现的时候才能随心所欲、举一反三（图3-46）。

图3-46 装饰性陈设配饰马克笔表现 邓蒲兵 绘

3. 植物配景

室内绿化是室内设计的一部分，与室内设计紧密相连，主要利用植物材料并结合园林常用的手段和方法，组织完善室内所占有的空间，协调人与环境之间的关系。室内绿化作为装饰性的陈设，比其他任何陈设更具有生机与魅力，所以现代人常常喜欢用绿色植物来装饰室内空间。利用绿化装点室内剩余空间，如在家具、沙发转角或者端头，以及一些难以利用的空间死角，布置一些绿化可以使这些空间景象一新，充满生机与活力。植物与灯具家具结合可以作为一种综合性的艺术陈设，增加艺术效果。组合盆栽或者特色植物可以作为室内的重点装饰。

根据画面的构图，植物配景的表现一般分为近景、中景、远景三种形式，刻画时根据需求进行取舍（图3-47~图3-49）。

图3-47 常见室内植物配景 邓蒲兵 绘

图3-48　常见室内植物配景　杨健　绘

图3-49　室内植物在设计中的应用　邓蒲兵　绘

室内空间快题设计
的基本类型

INTERIOR SPACE
SKETCH DESIGN

一、家居空间设计

随着人们生活水平的不断提高，现代住宅不再是简单的栖息之所，人们对居室环境的多样化与现代化要求越来越高，因此，在做室内设计时，除了满足现代化物质条件以外，还应充分考虑业主的不同职业、文化、年龄及个性特点所呈现出的差别和要求，营造出舒适、艺术的空间环境。

从功能角度出发，家居空间可以分为公共空间、私密空间、家务空间和基本空间4个部分。公共空间主要是由起居室、餐厅、视听室、娱乐室，以及户外庭院空间等组成，这些往往是家庭生活的中心，也是家庭成员集中交流与沟通的场所。

相对于公共空间而言，具备休息、更衣、淋浴、阅读等功能的空间属于私密空间，这种空间强调的是空间的休闲性、安全性与个性。在设计中区别对待不同的私密空间是室内设计中一个重要的环节。

随着生活节奏的不断加快，人们的生活方式更加趋向于多元化，人与人的交流方式不再局限于原有的固定场所。越来越多的聚会活动发生在家庭事务的工作过程中，操作台周边成为人际交流的经常性场所，即所谓的家务空间，它不属于公共空间也不属于私密空间，设计时更加需要考虑互动、交流与趣味性。

通道与储物空间构成了基本空间。通道在设计上称之为动线，家居空间形式的多样化、复杂化体现在动线的垂直走向上，基本空间的构成随着家居空间形式的变化而变化，是人与人、人与物、人与空间的纽带。从空间围合的形式来分析，围合形式差异造就了空间内容的变化，室内空间的构成方式受其形态的影响与制约呈现出三种基本形式。

1. 静态围合空间

以限定性强的界面围合，私密性强、领域感强的对称向心形式，空间界面及陈设比例尺度协调统一。

2. 动态开敞空间

界面围合不完整，外向性强，限定性弱，常与自然和周围环境交流渗透；利用自然、人为等多种因素，形成空间与时间结合的"四度空间"。

3. 虚拟流动空间

不以界面围合为限定因素，依靠形体启示与视觉联想来划定空间，以象征性的分隔保持最大限度交融与连续。同时，虚拟流动空间是极富流动感和方向引导性的空间线形。

下面依次介绍居住空间中门厅、客厅、餐厅、厨房、书房、卧室及卫浴空间的设计与表现。

（一）门厅

住宅在入户门口处设有门厅，有的是独立的门厅，有的是客厅的一部分。门厅是进入室内的一个过渡空间，在进入客厅时起缓冲作用，在这里进行更换衣服、鞋子，拿、放随身行李等活动。门厅是招呼和迎接客人的第一场所，它会给来访者留下关于这个家庭的第一印象，为他们随后了解居住者的生活方式打下基础（图4-1）。

（二）客厅

客厅是家庭住宅中最重要的活动场所，是住宅的公共区域，同时也是家庭活动的中心。它是家人相聚和招待朋友的地方，包括日常谈话、游戏、观看电视等活动。客厅还具有室内交通枢纽的功能，也兼有餐饮、阅读、健身等其他功能。随着居住条件的提高，人们可以留有专门的空间进行其他活动，而客厅主要保留了交谈功能（图4-2、图4-3）。

图4-1　某客厅空间门厅入口效果图　陈红卫　绘

为能轻松地交谈，客厅要有足够的空间，能满足多人活动的需要。除了固定的座位空间，还要有走廊空间以及储物空间，交谈区要与门口和通往住宅其他部分的走廊隔开。"动区"和"静区"要分开，要保证交谈的安定感，所以一般的家庭客厅面积都比较大。

座位和茶几一般需要围合起来，这样人们很容易就能看到彼此，交谈时就不需要特别大声。茶几上可以摆放器具和饮料等物品，保证可以就近拿取或摆放。

客厅需要有良好的通风和采光系统，尽可能利用自然条件，室内空间尽量向室外开放，引入阳光、清风、蓝天、绿叶等自然环境，既可以节约能源，节省家庭开支，又有利于身心健康。

客厅一般都有鲜明的主题墙。主题墙是客厅的视觉中心，突出反映主人的文化品位、精神风貌。主题墙一般和电视背景墙结合在一起，通过不同的造型、不同的材质变化形成具有美学价值的景墙。

图4-2　某别墅客厅空间效果图　邓蒲兵　绘

图4-3　某别墅客厅空间效果图　杨健　绘

（三）餐厅

餐厅作为用餐空间，位置要靠近厨房，可以独立，也可以利用家具、拉门等轻质材料与厨房或者客厅做相对的隔断。餐厅可分为独立式、与客厅相连式和厨房兼餐厅式3种。在快题设计过程中，应该把握住宅的整体风格，营造清新、淡雅、温馨的环境氛围，采用暖色调、明度较高的色彩，同时选择具有空间区域限定效果的灯光以及柔和自然的材质，以烘托餐厅的特性（图4-4）。

餐厅是家人进餐的主要场所，也是宴请亲友的活动空间。餐厅和厨房紧邻，通过玻璃推拉门连接，或者直接敞开，能够方便地存取食物、餐具等。餐厅有一套供家人使用的舒适的餐桌，木质餐桌和椅子比较舒适和人性化，也比较容易打理卫生。一般还有多功能酒水柜，用于存放酒水、饮料、餐具及食品等。

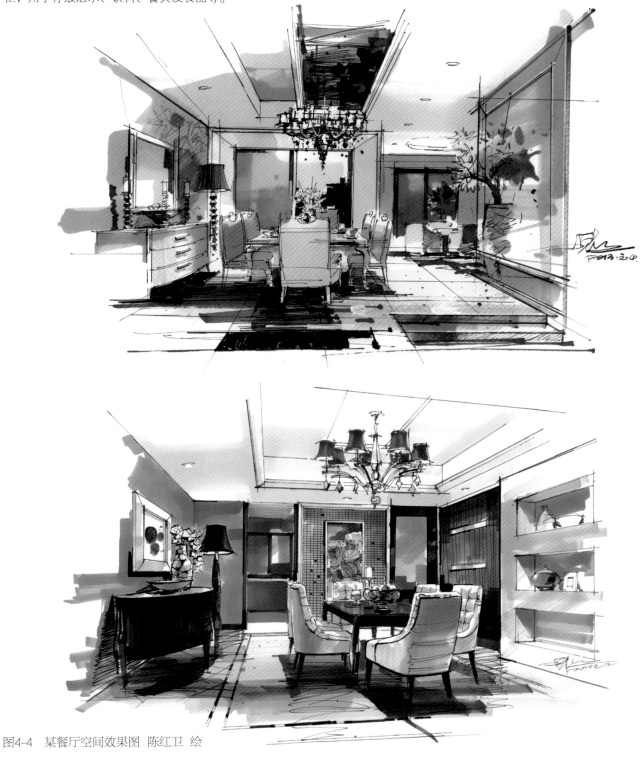

图4-4　某餐厅空间效果图　陈红卫　绘

（四）厨房

厨房由于管道多、设备多，使用和维修频率高，所以是家庭装修的重点（图4-5）。常见的厨房灶台布置有以下几种形式：

（1）"一"字排开式。将操作的空间顺着墙壁呈一字排开，人的操作和走廊留在另一边，这是厨房面积较小且狭长时常用的方式。

（2）"二"字两边分开式。料理洗切和灶台两边并列布置，中间留操作空间和走廊的布置方式。这样布置使操作十分便捷，转身即可，而且有利于食物的存放和拿取以及工作空间的分类，使空间显得紧凑有序。

（3）"L"形布置。将各种操作台按照对角线的一边进行布置，另外一边保留较宽敞的空间，便于更多家庭成员参与家务活动。空间充裕的厨房还可以考虑在此设置简易就餐区。

（4）"U"形布置。在"二"字形的基础之上，再将一端增加连接成操作台的布置形式。这种布置的操作面积最大，空间使用率最高，适合家庭成员较多的较大空间设计。

（5）开敞式厨房。开敞的空间便于家人共同参与家务，加强亲情沟通。缺点就是中国人的饮食习惯会产生大量的油烟，进而散发到其他空间。随着排气设备的发展，开敞式厨房会越来越受到人们的喜爱。

图4-5　餐厅与客厅结合的效果图表现　沙沛　绘

（五）书房

书房是学习和办公的场所，书房的设计不光要采光好，而且要清新淡雅、安静凝神（图4-6）。

明——书房的照明与采光。雅——清新淡雅以怡情在书房中。静——修身养性之必须安静对于书房来讲十分必要。序——工作效率的保证。

如何配置书房色彩?

书房环境的颜色和家具颜色使用冷色调居多，这有助于人的心境平稳、气血通畅。由于书房是长时间使用的场所，应避免使用的色彩强烈刺激，宜多用明亮的无彩色或灰棕色等中性颜色。家具陈设的本色可以与四壁的颜色使用同一个调子，并在其中点缀一些和谐的色彩。如书柜里的小工艺品，墙上的装饰画（在购买装饰画时，要注意其在色彩上是为点缀用）在形式上要与整体布局协调，这样可打破略显单调的环境。通常，地面颜色较深，所以，地毯也应选择一些亮度较低、彩度较高的款式。天花的处理应考虑室内的照明效果，一般常用白色，以便通过反光使四壁明亮。门窗的色彩要在室内调和色彩的基础上稍加突出，作为室内的"重音点"。书房是人们学习和工作的地方，在选择书房家具时，除了要注意书房家具的造型、质量和色彩外，必须考虑家具应适应人们的活动范围并符合人体健康美学的基本要求。也就是说，要根据人的活动规律、人体各部位尺寸和在使用家具时的姿势来确定书房家具的结构、尺寸和摆放位置。例如，在休息和读书时，沙发宜软直且低些，使双腿可以自由伸展，求得高度舒适，以消除久坐后的疲劳。书房中的主要家具是书架、书柜、写字台及座椅或沙发。按照我国正常人体生理测算，写字台高度应为750～800mm。考虑到腿在桌子下面的活动区域，要求桌下净高不低于580mm。座椅应与写字台配套，高低适中、柔软舒适，有条件的家庭最好能购买转椅。座椅高度宜为380～450mm，以方便人的活动需求。

图4-6 书房空间效果图表现 杨健 绘

（六）卧室

卧室的功能相对比较单一，但是非常重要，主要是供睡眠休息。睡眠是人类的基本需要之一，人们通过睡眠消除疲劳恢复体力。因此，在进行卧室设计时要对舒适、保暖和私密性予以精确科学的控制，以此来创造最佳睡眠环境。另外，卧室还有阅读、休息、锻炼或者工作的功能（图4-7、图4-8）。

卧室是家居空间中最私密的部分，几乎人的1/3时间都要在卧室中度过。卧室的平面布局以床为中心，睡眠区应当设置在相对安静之处。卧室的布置以宁静、便利、舒适、合理为设计原则。由于卧室用于休息及其私密性的特点，在设计中应该考虑隔音性与恒温性，保证采光与照明充足。

根据对象的不同，卧室可以分为主卧、儿童房、老人房、客卧及工人房等。在设计时需要根据不同对象的不同需求，如设计儿童房时应该根据不同的年龄段进行考虑，不同阶段的需求也会不同。儿童房的陈设品也需要根据性别、年龄与兴趣爱好的不同做综合考虑（图4-9）。

图4-7　卧室空间马克笔表现　杨健　绘

图4-8　书房空间马克笔表现　陈红卫　绘

图4-9　儿童房空间马克笔表现　孙大野　绘

（七）卫浴空间

卫浴空间包括洗漱、淋浴、如厕等空间，家庭中每人每天都会使用卫浴空间。因为湿度较大，卫浴空间的材料选择要注意防潮、防霉，墙面以釉面瓷砖为主，也可用处理后的墙面漆。

卫浴空间是多样设备和多种功能聚合的家庭公共空间，又是私密性要求更高的空间。同时，卫浴空间又兼容一定的家务活动，如洗衣、贮藏等。它所拥有的基本设备有洗脸盆、浴盆、淋浴喷头、抽水马桶等，并且在梳妆、浴巾、卫生器材的贮藏以及洗衣设备的配置上也有一定的原则。卫浴空间的格局应在符合人体工程学的前提下予以补充、调整，同时注意局部处理，充分利用有限的空间，使卫浴空间能最大限度地满足家庭成员清洁、卫生、劳务方面的需求（图4-10）。

家居空间快题设计的表现案例见图4-11～图4-17。

图4-10 卫浴空间效果图表现 陈红卫 绘

图4-11 家居空间快题设计与表现 杨健 绘

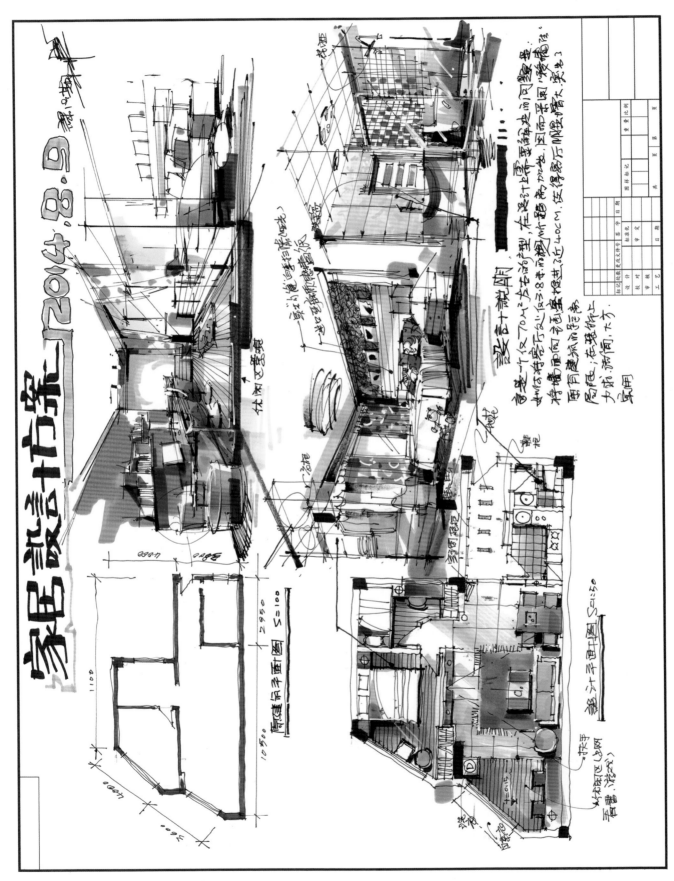

图4-12 家居空间快题设计与表现 杨健 绘

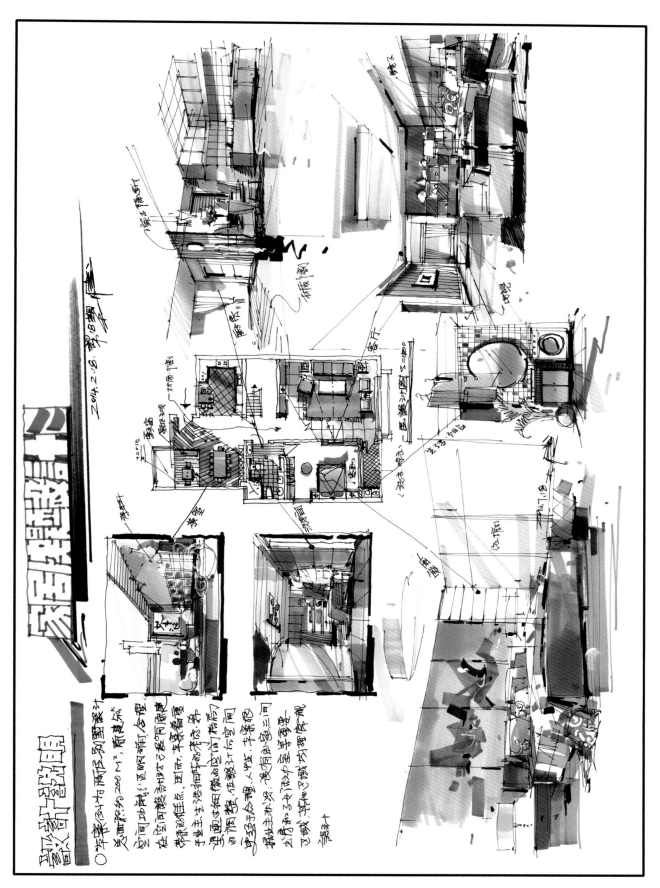

图4-13　家居空间快题设计与表现　杨健　绘

图4-14　家居空间快题设计与表现　杨健　绘

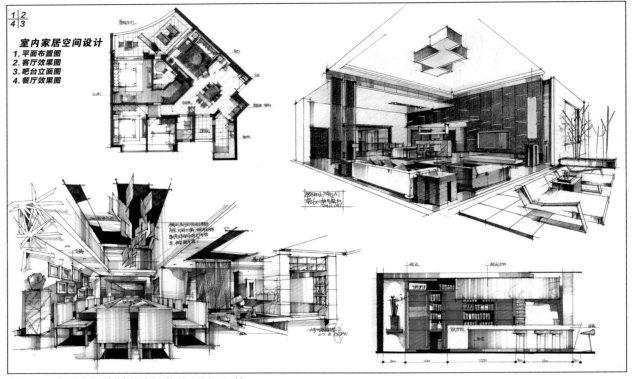

图4-15　家居空间快题设计与表现　谭立予　绘

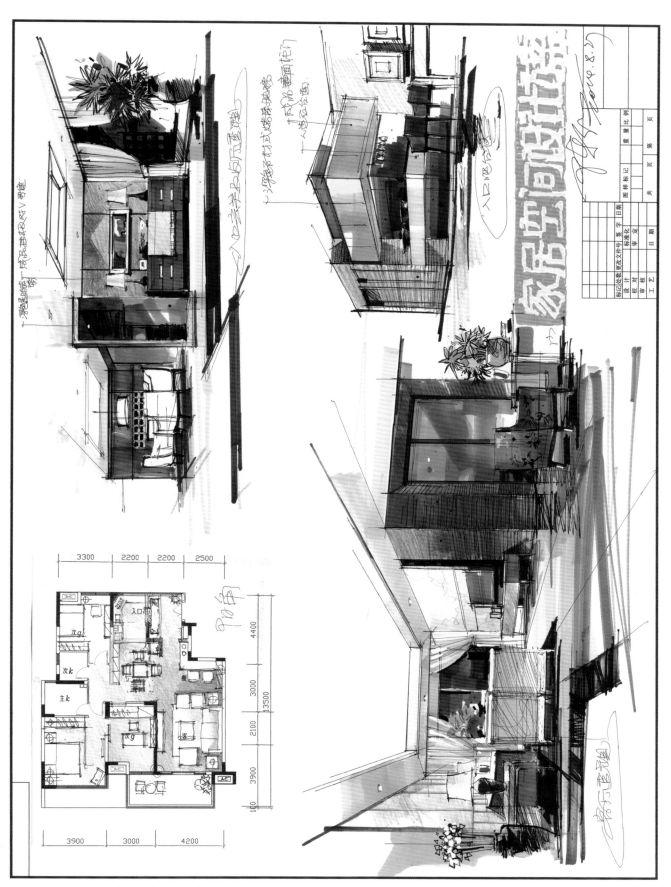

图4-16　家居空间快题设计与表现　陈红卫　绘

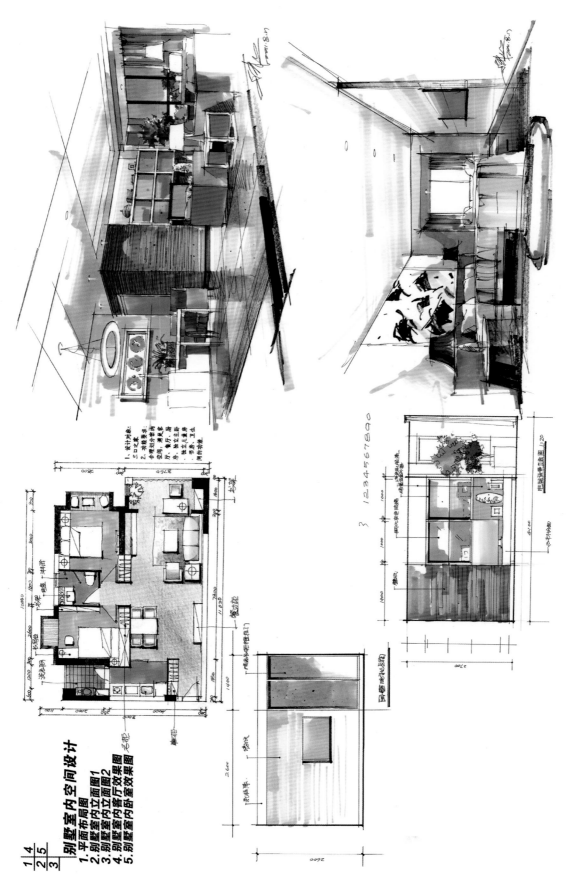

图4-17　家居空间快题设计与表现　陈红卫 绘

二、公共空间设计

（一）办公空间设计要素

现代办公空间由接待区、会议室、总经理办公室、财务室、员工办公区、机房、贮藏室、茶水间、机要室等部分组成。

1. 接待区

接待区主要由接待台、企业标志、招牌、客人等待区等部分组成。接待区是一个企业的门脸，其空间设计要反映出一个企业的行业特征和企业管理文化。对于规模不是很大的办公室，有时也会在接待区内设置一个供员工更衣用的衣柜。在客人休息区内一般会放置沙发、茶几和供客人阅读用的报刊架，有的企业会利用报刊架将本企业的刊物、广告等一并展示给客户。接待区是办公空间中最重要的一个空间，它是现代办公空间设计的重点（图4-18、图4-19）。

2. 会议室

一般来说，每个企业都有一个独立的会议空间，主要用于接待客户和企业内部员工培训和会议。会议室也是现代办公空间设计的重点，会议室中应包括电视柜，能反映企业业绩的锦旗、奖杯、荣誉证书、与名人合影照片等。会议室内还要设置白板（屏幕）等书写用设备。有的还配有自动转印设备、电动投影设备等。有的会议室内还专门设置衣柜（图4-20、图4-21）。

3. 总经理办公室

总经理办公室在现代办公空间设计中也是一个重点，一般由会客（休息）区和办公区两部分组成。会客区由小会议桌、沙发、茶几等组成；办公区由书柜、板台、板椅、客人椅等组成。空间内要反映总经理的一些个人爱好和品位，同时还要反映一些企业文化特征。在布局总经理办公室的位置时，还要考虑当地的一些"风水"问题（图4-22~图4-24）。

图4-18　办公空间前厅接待区设计效果图　陈红卫 绘

图4-19　前厅接待区设计效果图　陈红卫　绘

图4-20　会议室空间效果图　陈红卫　绘

图4-21 会议室空间小景 陈红卫 绘

图4-22 总经理办公室空间 孙大野 绘

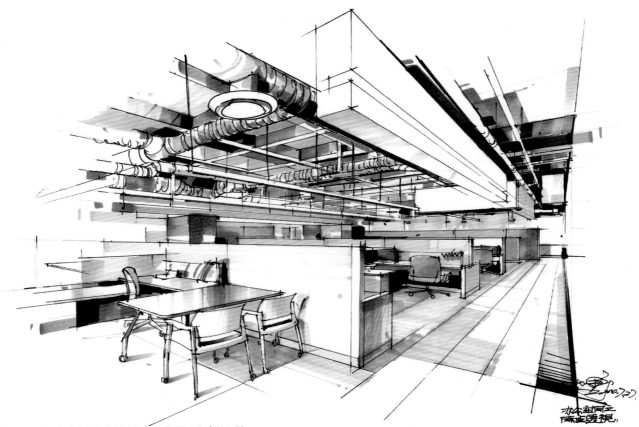

图4-23 办公空间马克笔设计与表现 孙大野 绘

图4-24 办公空间快题设计与表现 秦瑞虎 绘

办公空间平面布局设计中应注意如下几点:

① 设计导向的合理性。设计的导向是指人在其空间的流向。这种导向应追求"顺"而不乱,所谓"顺",是指导向明确,人流动向空间充足,当然也涉及布局的合理。为此,在设计中应模拟每个座位中人的流向,让其在变化之中寻到规整。

② 根据功能特点与要求来划分空间。在办公空间设计中,各机构或各功能区都有各自应注意的特征。例如,财务室应有防盗的特点;会议室应有不受干扰的特点;总经理办公室应有保密等特点;会客室应具有便于交谈休息的特点。我们应根据其特点来划分空间,因此,在设计中我们可以考虑将总经理办公室、财务室规划为独立空间。同时,让财务室、会议室与总经理办公室靠墙来布置。让洽谈室靠近大厅与会客区,而将普通职工办公区规划于整体空间中央。以上这些原则都是我们在办公空间平面布局中应特别注意的。

办公空间快题设计与表现案例见图4-25～图4-29。

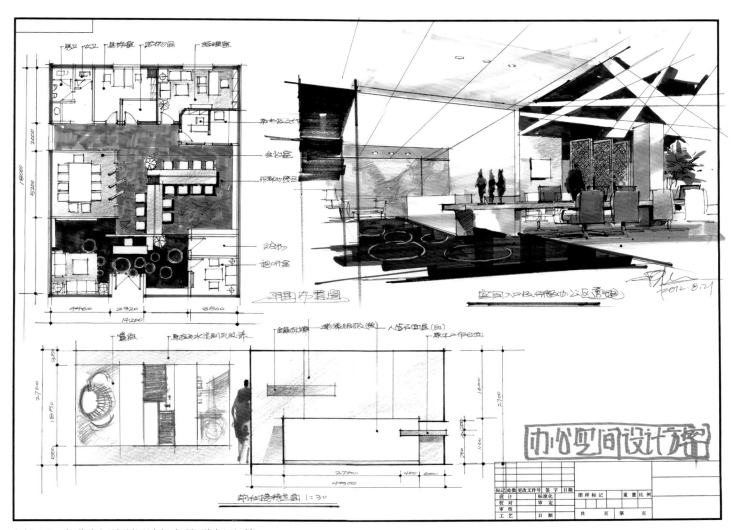

图4-25　办公空间快题设计与表现　陈红卫　绘

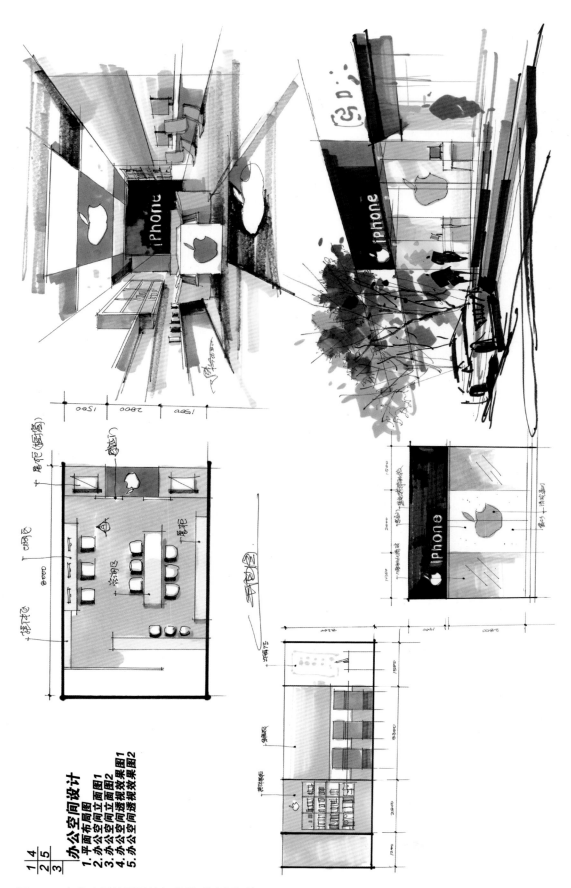

办公空间设计

1. 平面布局图
2. 办公空间立面图1
3. 办公空间立面图2
4. 办公空间透视效果图1
5. 办公空间透视效果图2

$$\frac{1}{2}\frac{4}{5}$$
$$3$$

图4-26 办公空间快题设计与表现 陈红卫 绘

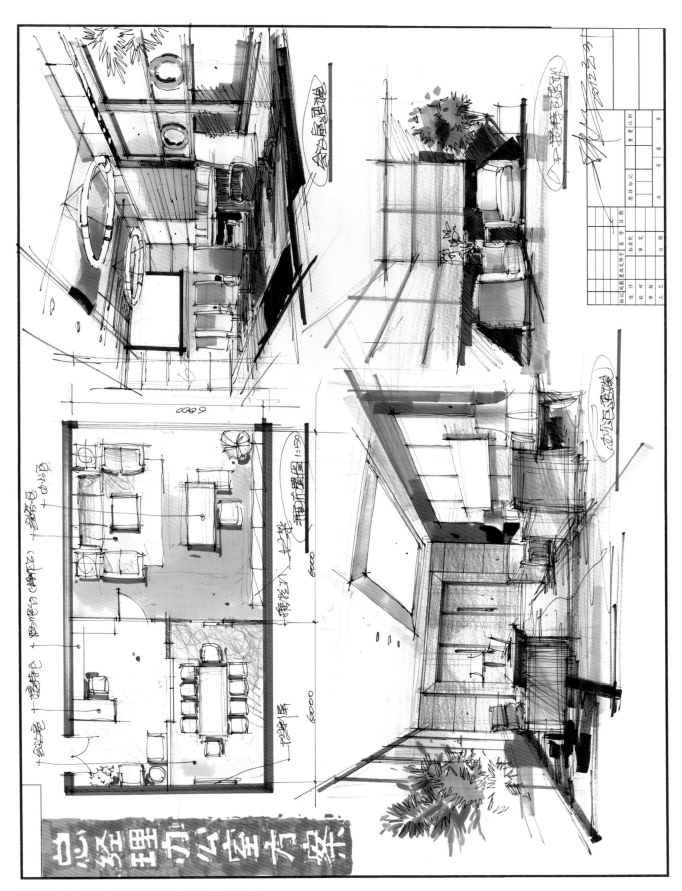

图4-27 办公空间快题设计与表现 陈红卫 绘

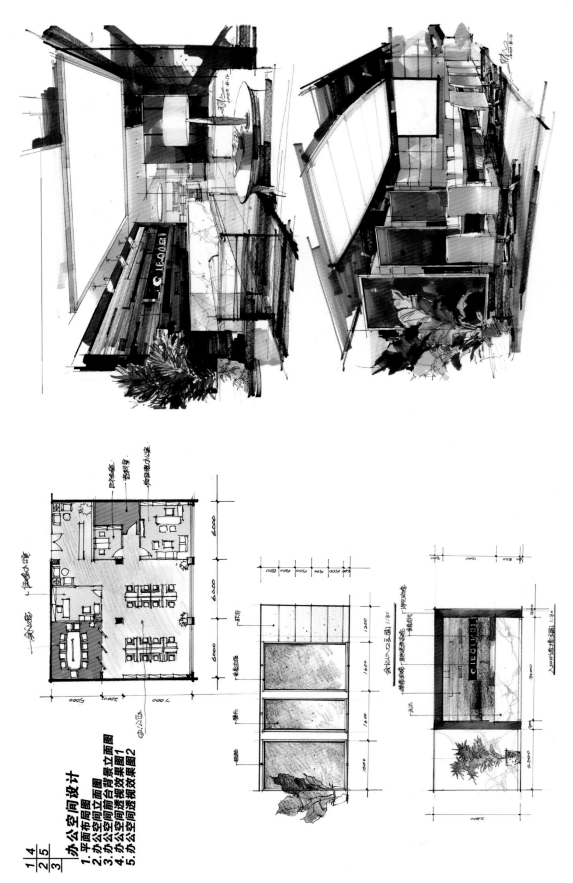

图4-28　办公空间快题设计与表现　陈红卫　绘

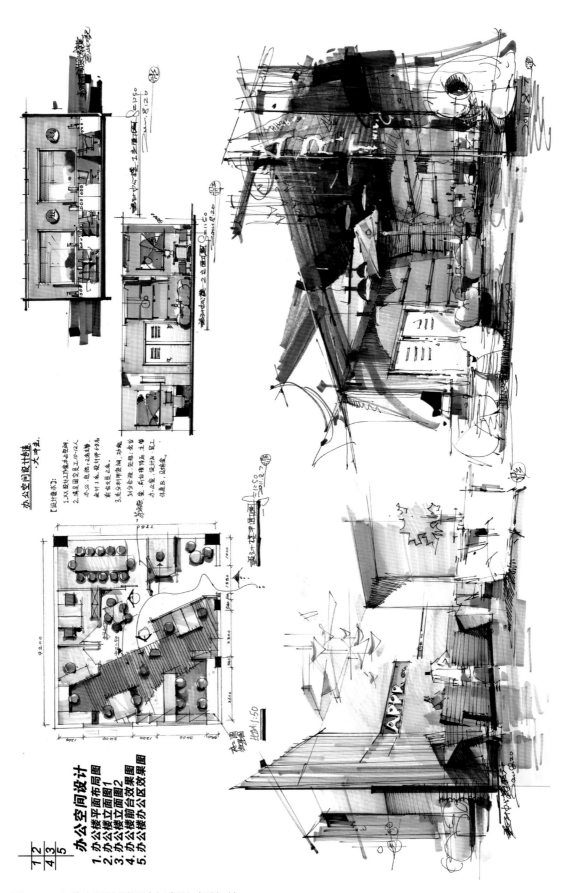

图4-29 办公空间快题设计与表现 杨健 绘

（二）餐饮空间设计要素

1. 餐饮空间设计的概念

餐饮空间设计的概念不同于建筑设计和一般的公共空间设计，在餐饮空间中人们需要的不仅仅是美味的食品，更需要的是一种使人的身心彻底放松的气氛。餐饮空间的设计强调的是一种文化，是一种人们在满足温饱之后的更高层次的精神追求。餐饮空间设计包括餐厅的位置、餐厅的店面外观及内部空间、色彩与照明、内部陈设及装饰布置，也包括了整个影响顾客用餐效果的整体环境和气氛（图4-30）。

2. 餐饮空间的构成

① 用餐的场所；② 娱乐与休闲的场所；③ 庆典的场所；④ 信息交流的场所；⑤ 交际的场所；⑥ 团聚的场所。

3. 餐饮空间的种类

按照经营内容餐饮空间可分为：

① 高级宴会餐饮空间。主要用来举行大型庆典、高级别的大型团体会议以及宴请接待贵宾之用。

② 普通餐饮空间。主要经营传统的高、中、低档次的中餐厅和专营地方特色菜系或专卖某种菜式的专业餐厅，适应机关团体、企业接待、商务洽谈、小型社交活动、家庭团聚、亲友聚会和宴请等（图4-31、图4-32）。

图4-30 中式餐厅马克笔设计与表现 杨健 绘

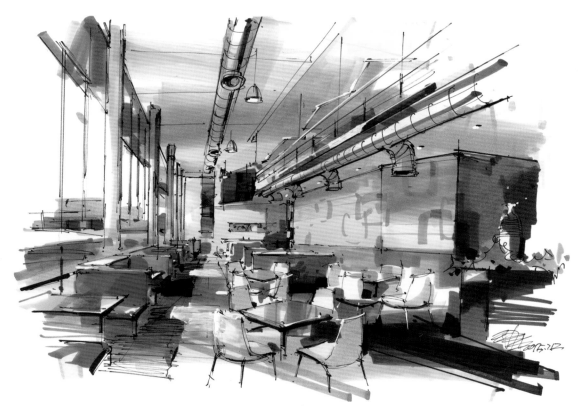

图4-31　餐饮空间马克笔设计与表现之一　沙沛　绘

图4-32　餐饮空间马克笔设计与表现之二　杨健　绘

③ 食街、快餐厅。主要经营传统地方小吃、点心、风味特色小菜或中、低档次的经济饭菜，适应简单、经济、方便、快捷的用餐需要。如茶餐厅、食街、自助餐厅、"大排挡"、粥粉面食店等（图4-33~图4-36）。

图4-33　某快餐厅马克笔表现　孙大野 绘

图4-34　某中式快餐厅马克笔表现　沙沛 绘

④ 西餐厅。西餐厅主要是满足西方人生活饮食习惯的餐厅。其环境按西式的风格与格调设计并采用西式的食谱来招待顾客，分传统西餐厅、地方特色西餐厅和综合、休闲式西餐厅。

图4-35　某快餐厅马克笔设计与表现　邓蒲兵　绘

图4-36　某餐饮空间马克笔表现　沙沛　绘

4. 餐饮空间的功能分析及要求

（1）餐饮功能区分类。

① 门厅和顾客出入口功能区。

门厅是独立式餐厅的交通枢纽，是顾客从室外进入餐厅的过渡空间，也是留给顾客第一印象的场所。因此，门厅的装饰一般较为华丽，视觉主立面设置店名和店标。根据门厅的大小还可设置迎宾台、顾客休息区、餐厅特色简介等（图4-37）。

② 接待区和候餐功能区。

接待区和候餐功能区是从公共交通部分通向餐厅的过渡空间，主要是迎接顾客到来和供客人等候、休息、候餐的区域。这两个区域可以用门、玻璃隔断、绿化池或屏风来加以分隔和限定。

③ 用餐功能区。

用餐功能区是餐饮空间的主要重点功能区，是餐饮空间的经营主体区，包括餐厅室内空间的尺度、功能的分布规划、来往人流的交叉安排、家具的布置使用和环境气氛的舒适等，是设计的重点。用餐功能区分为散客和团体用餐席，单席为散客，两席以上为团体，包括有2～4人／桌、4～6人／桌、6～10人／桌、12～15人／桌。设计时餐桌与餐桌之间、餐桌与餐椅之间要有合理的活动空间。餐厅的面积可根据餐厅的规模与级别来综合确定，一般按1.0～1.5m²／座计算。餐厅面积的指标要合理，指标过小，会造成拥挤；指标过大，会造成面积浪费、利用率不高和增大工作人员的劳动强度等后果。

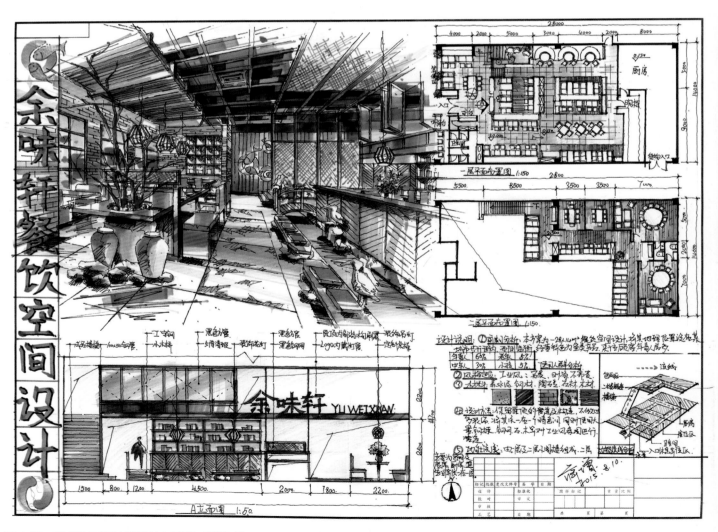

图4-37 某餐饮空间快题设计与表现 蒋增 绘

④ 配套功能区。

配套功能区一般是指餐厅中服务性的配套设施，如卫生间、衣帽间、视听室、书房、娱乐室等非营业性的辅助功能配套设施。餐厅的级别越高，其配套功能就相应地越齐全。有些餐厅还配有康体设施和休闲娱乐设施，如表演舞台、影视厅、游泳池、桌球、棋牌室等（图4-38）。

卫生间要容易找，其入口不应靠近餐厅或与餐厅相对，卫生间应宽阔、明亮、干净、卫生、无异味，可用少量的艺术品或古玩点缀，以提高卫生间的环境质量。

衣帽间是供顾客挂衣帽的设施，也是餐厅为客人着想的体现，衣帽间可设置在包房里，占用面积不需要很大，设置衣架、衣帽钩、穿衣镜和化妆台等。

视听室、书房、娱乐室为顾客候餐时或用餐后小憩享用，一般设置电视机、音响设备、书台、文房四宝、书报等。

⑤ 服务功能区。

服务功能区也是餐饮空间的主要功能区，主要功能是为顾客提供用餐服务和经营管理服务。

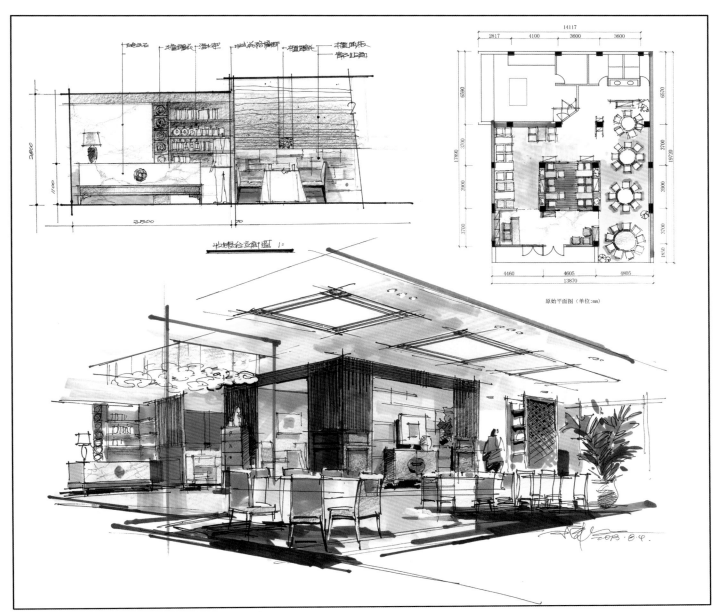

图4-38　某中式餐厅快题设计与表现　陈红卫　绘

备餐间或备餐台是存放备用的酒水、饮料、台布、餐具及菜品的区域，一般设有工作台、餐具柜、冰箱、消毒碗柜、毛巾柜、热水器等。通常，在大厅里的席间会增设一些小型的备餐台或活动酒水餐车，供备餐、酒水、餐具存放之用。

（2）中式餐饮空间的设计要点。

① 中式餐饮文化空间形态：宴席餐饮形式是人们为了礼仪需求，以一定规格的酒菜食品和礼仪款待客人的聚餐方式，成为人们之间的一种礼仪表现和沟通方式，是人们生活中的美好享受，其突出特点是讲究排场并寻求喜庆吉祥的气氛。因此，在中式餐饮空间的视觉效果和装饰风格上应着力渲染喜庆气氛，应以中国传统文化为依托，以传统的吉祥喜庆图案和传统色彩为装饰元素，烘托出整体空间的喜庆氛围，表达人们向往幸福、长寿、吉祥、喜庆的愿望，体现出中国的民风民俗。

② 当前中式餐饮空间设计存在的问题：我们一般看到的中式餐饮空间的设计，往往只见各种花窗、木结构、字画等元素堆砌其间，异彩纷呈，仿佛走进一家古董店，但往往是假古董，并没有营造出中式的意境所在，使人产生很强的隔阂感。"盖居室之制，贵精不贵丽，贵新奇大雅，不贵纤巧烂漫"（出自清代李渔《闲情偶寄》）。可见中式空间不单是雕梁画栋的简单堆砌，而是需要具有简单、质朴、高雅的内涵。图4-39中的餐饮空间试图挖掘中国传统的精神内涵，运用中式独特的构图手法，装饰力求简洁凝重，有意忽略"界面"的装饰，而在于从整体空间着手，突出空间的节奏韵律感，创造高素质人文空间。

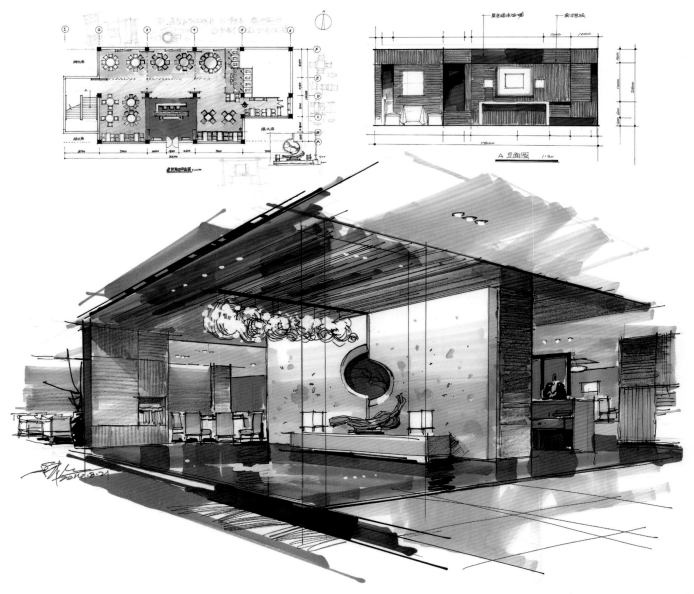

图4-39　某中式餐饮空间快题设计与表现　陈红卫　绘

（3）中式餐饮空间的设计方法及设计风格。

① 设计方法：首先从餐厅环境和建筑空间的基本特征着手，先解决建筑空间的流线组织、功能区域的划分等基本问题，然后在满足商业需求的同时强调空间氛围，突出个性与品位的表达。

② 设计风格：设计风格变化不是一个非此即彼的过程；对任何一种风格不必彻底否定。图4-40采用了设计风格、理念相互融合加上借鉴场景设计的手法，整合并融合自然及各种设计元素，打散后重新优化组合，将各种不同类型的空间体验带入室内，实现空间在不同场景中的多功能化。

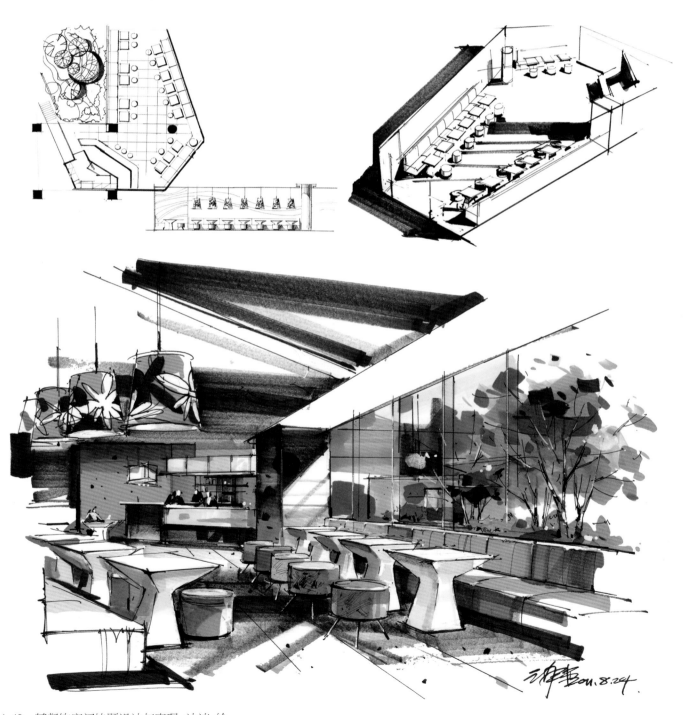

图4-40　某餐饮空间快题设计与表现 沙沛 绘

（三）酒吧空间设计要素

1. 酒吧中常见的功能分区

依据空间的功能性，可以将酒吧空间分割成若干的区域，进行合理的布局和设置。酒吧空间中常见的功能分区包括以下几个方面：

①吧台是酒吧的中心和体现文化独特性的空间，设计时应注意外观别致、结构简单、流水线状，便于疏散客人等要点。酒吧吧台台面装饰应以酒吧文化为主，可用高档酒瓶及有关西洋文化的工艺品进行摆设。吧台前台吧椅要简单、休闲，便于移动。

②走廊的设计要敞雅，便于客人感受酒吧的优美环境及气氛。走廊两旁为绿化区，客人用于放松及醒酒。走廊中间设有若干个休息亭，便于客人休息。

③大众休闲区的人流量一般都很大，因此桌椅的设计要舒适、便于移动，台与台之间距离不要过于拥挤，地面不要太滑。台上设识别台牌、烛光及产品价格表。

④娱乐区域可以采用短一字形，客人间可以零距离接触，容易带动现场气氛。背景为投影幕布，随时可更改内容，也便于客人集体观看体育赛事。背景画设计趋于前卫，最好与酒吧文化有关，灯光设计要色彩丰富，整个酒吧音响设备要到位。

2. 酒吧的类型及装修风格

酒吧是都市中最流行、最时尚的休闲娱乐场所，深受年轻人喜爱。酒吧的装修风格、装修材料的选择和酒吧的类型紧密相关，因此，在确定装修风格之前首先要定位好酒吧的类型。

①大众酒吧。这种类型酒吧设计不能过于豪华，过于豪华容易让人望而却步。也就是说这种类型的酒吧装修风格要符合大众人群的品位，在设计时展现给人的应该是简洁、美观、线条清晰典雅，应该让客人身在其中没有压抑感，体会到家的温馨（图4-41）。

②高档酒吧。高档酒吧设计上需要追求一种高雅、时尚美观的设计理念，我们可以借鉴酒吧历史悠远的英式、北欧风格，他们走的是一种豪华时尚的路线。高档酒吧装修风格应该秉持豪华大气的设计理念。

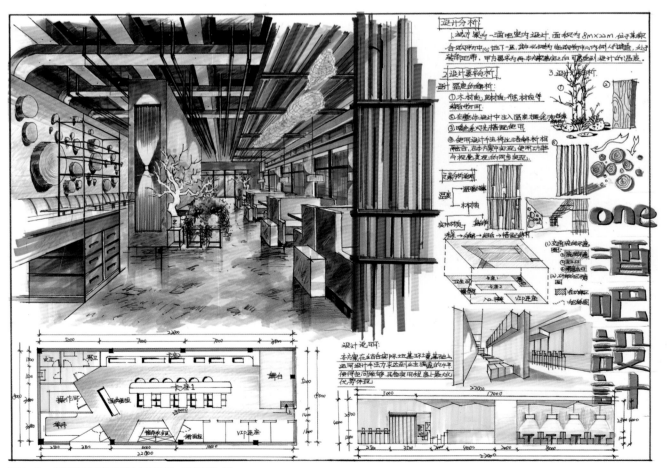

图4-41 某酒吧空间设计与表现 · 王强强 绘

③混搭酒吧。实际上，酒吧风格没有明显的界线，很多混搭后的效果非常不错。如今，酒吧设计流行的趋势通常是以一个风格为基础，再加入自己的喜好综合而成。特色与个性在酒吧设计中容易出彩，代表了与众不同。酒吧设计时要以人为本，这样才能更好地凸显出酒吧的独特主题（图4-42）。

图4-42　某酒吧空间设计与表现　陈红卫　绘

3. 酒吧空间设计方法

酒吧空间设计是艺术与商业的完美结合，设计师的任务是使空间设计最大限度地实现其商业目的。

开敞空间是外向的，强调与周围环境交流，心理效果表现为开朗、活泼、接纳。开敞空间经常作为过渡空间，有一定的流动性和趣味性，是开放心理在环境中的反映。

封闭空间是内向的，具有很强的领域感、私密性，在不影响封闭功能下，为了打破封闭的沉闷感，经常采用灯窗来扩大空间感和增加空间的层次。

动态空间引导大众从动的角度看周围事物，比如光怪陆离的光影、生动的背景音乐。

在设计酒吧空间时，设计者要分析和解决复杂的空间矛盾，从而有条理地组织空间。总体来说，酒吧的空间设计应该生动、丰富，给人以轻松雅致的感觉。想让客人可以真正感受到自由的气息，设计师就必须在装饰设计上下足功夫（图4-43）。

4. 酒吧KTV包厢设计标准

酒吧KTV包厢是为了满足顾客团体的需要，提供相对独立、无拘无束、畅饮畅叙的环境，设计时应为客人提供一个以围为主，围中有透的空间。酒吧KTV包厢要以KTV经营内容为基础，在提供视听娱乐的同时，还要向顾客提供鸡尾酒等各类饮品，其空间的确定应考虑以下几个方面：

①放置电视、点歌器、麦克风等视听设备的空间，一般来说电视音响设备大，占的空间就大。

②顾客座位数。接待顾客人数多，沙发所占空间就大，一般酒吧KTV分为大、中、小3种包厢。

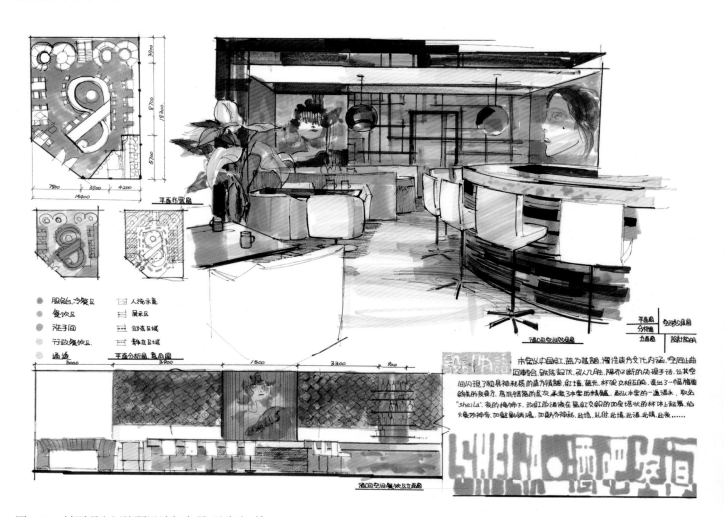

图4-43 某酒吧空间快题设计与表现 马光安 绘

③ 摆放饮料的茶几或方形小餐桌。

④ 若KTV包厢内设有舞池，还应提供舞台和灯光空间。

此外，还应考虑客人座位与电视荧幕的最短距离，一般不得小于3m。总之，酒吧KTV包厢应具有封闭、隐秘、温馨的特征。通常，酒吧里设有小型两人KTV包厢或四人KTV包厢，以及能容纳10人以上的大型KTV包厢（图4-44）。

图4-44　KTV空间快题设计与表现　陈红卫　绘

（四）酒店空间设计要素

1. 酒店大堂空间

酒店大堂空间是客人最关注的一个地方。酒店大堂的天花绝对不能简单处理，独特造型的天花会增加大堂的变化，在空间构成上形成有效的互补，以此为主旋律展开整个大堂的设计。多叠级的天花造型，配以中央大型豪华吊灯，可以营造出富丽堂皇的氛围。天花再配以发光灯槽，既能体现酒店档次，也能满足酒店的功能需求。大堂墙面的处理往往会以大量石材为主要材料，增加其光感，使大堂光亮、洁净。服务台是酒店大堂功能的中心，背景墙面可用抽象的造型图案装饰，也可用粗犷的石材雕塑作装饰，于众多现代元素中增加一点古朴，去除浮躁，在整个大厅中起画龙点睛的作用，凸显鲜明的酒店文化主题。地面石材颜色以贴近墙面色彩为主，使整个空间在色彩上协调一致。以上各部分构成了一个光鲜亮丽、豪华洁净的酒店大堂空间，体现了豪华现代的设计理念（图4-45）。

图4-45　某酒店大堂空间设计与表现 杨健 绘

2. 门厅、过厅和大厅空间

门厅和过厅空间是人流活动最频繁的区域，而且作为酒店空间的第一层次，给人留下的印象深刻与否至关重要（图4-46）。在有些酒店空间设计中，门厅和大厅是连带设计的，经过一个简单的过渡而达到下一层次。大厅空间在设计上采用大尺度的、古典结合现代的处理手法，不管是采用古典主义的表现方式，还是采用现代派的设计手法，都是为了体现设计产生的形态——高大、壮观、豪华和富丽堂皇。现代的设计理念往往将城市设计和园林设计的手法引入大厅设计中，使绿化、水、室外家具和室内空间成为有机的整体，创造出室内外交融、人工与自然相间的聚散空间（图4-47~图4-49）。

图4-46　某酒店门厅和过厅空间设计与表现　邓蒲兵　绘

图4-47　某酒店大厅设计与表现　陈红卫　绘

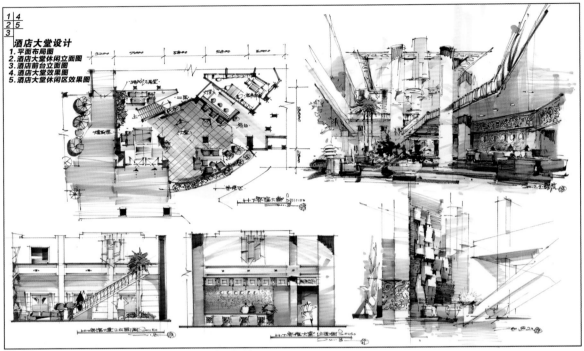

图4-48　某酒店大厅空间设计与表现一　杨健 绘

图4-49　某酒店大厅空间设计与表现二　杨健 绘

和大厅相比，过厅的设计应该在尺度上更接近人体，使用各种灯光使过厅具有空间转承的明度，在色彩和形态上使之更柔和一些。

电梯厅是过厅的一处延伸，这个空间是客人停歇的一个重要地方。与办公楼电梯厅不同的是，酒店电梯厅多以艺术设计手法为主，务必使入住酒店的客人感觉舒适与轻松。为了突出酒店的独特风格，很多时候电梯厅都会做一面背景墙，衬上工艺品，甚至摆放文物或古董，起画龙点睛的作用。

3. 公共交谊活动空间

公共交谊活动空间包括中庭、舞厅、会议室等。与其他空间相比，这部分空间要求有不同的空间感和环境气氛，它是衡量一个酒店等级和环境质量的重要标准（图4-50）。现代酒店的中庭一般是多层空间，宏伟高大，各种构件汇聚于此，在位置上又处于建筑的核心，为空间的丰富变化提供了物质基础和环境条件。这一公共使用的大空间增加了酒店的社交性和共享感，因此中庭也称为"共享大厅"。中庭空间的社交功能与其他社交场所不同，它属于小团体社交场所，因此，中庭空间除共享功能外也有私密性要求，其设计应既能让人们观察到大环境的景象，又有相对独立的小环境，同时应符合人体尺度，使人感到亲切。

4.宴会厅空间

宴会厅空间，其设计目的是能产生一种隆重的气氛。首先，天花板上一个大型的水晶吊灯能给人一种富丽堂皇之感。天花配合吊灯做一圆形多层叠级，其余部分做相应的多层叠级方形吊顶使得整个大厅的光源充足，增加了光感。为了增加剧场效果，可在舞台一侧做一些比如放大的欧式线条来收边，如此可以有效配合集体活动需要。比较空的墙面点缀一些射灯照射并放置各式屏风墙，更能活跃大厅气氛，也使得整个大厅富于变化（图4-51）。

图4-50　酒店公共接待空间设计与表现　陈红卫　绘

雅座包间设计时一般会使用不同的设计概念，或选择不同的主题风格。例如中式风格，就可以将整个包房以主题墙为中心展开设计。主题墙上的中国画或中式元素能将整个包间的风格定格在中式上，再配以中式家具，设置一个经过变化的"中式玄关"。可以做一镂空木格，或是中式窗格的变形，起到很自然的过渡作用，风格也协调统一，同时在视觉上使人眼得以放松。当然，雅座包间会有各式各样的设计风格与手法，但是其功能与目的却是唯一的（图4-52）。

5. 会议厅空间

大会议厅毫无疑问就是要能满足一个大型会议的需要。在这个空间设计上须注重严肃庄重的要求，但同时也应该做一些有利于人们心情放松的设计，毕竟这里是酒店而非办公空间。

图4-51 某酒店宴会厅空间设计与表现 沙沛 绘

图4-52 某雅座包房马克笔表现 庐山艺术特训营学员 绘

6. 客房空间

客房是顾客活动的中心场所，主要包括起坐、闲谈、休息、娱乐、影视欣赏、阅读书报、会见亲朋好友等活动的区域空间，所以酒店设计中这是一室多功能的空间，这个区域是实用功能较多、活动时间较长、利用频率较高的综合空间。

客房设计涉及的问题包括室内充足的采光、合理的立体照明、良好的隔音条件、适度的室温、充分的贮藏空间，以及满足各种活动的配套家具等，更重要的是活动空间、储藏空间、流动空间的划分与支配和弹性空间的开发与采用。

客房主要解决的是会谈区域的沙发、座椅、茶几及贮藏空间中的组合柜、博古架的摆放与陈列。酒店客房设计中应精心设计沙发位置及摆放方式，其常见的摆放方式有"U"形、"L"形、圆形、对排形、"一"字形及"十"字形等，选用哪种形式要根据实际面积而定，以创造和谐的交谈环境（图4-53）。

酒店客房平面布局包括如下设计区域：

①公共走廊及客房门。客人使用客房是从客房大门处开始的，一定要牢记这一点，公共走廊宜在照明上重点关照客房门(目的性照明)。门框及门边墙的阳角是容易损坏的部位，设计上需考虑保护。钢制门框是个好办法，其不变形、耐撞击。另外，房门的设计应着重表现，与房内的木制家具或色彩等设计语言相协调，门扇的宽度以880~900mm为宜。

②户内门廊区。常规的客房建筑设计会形成入口处的一个1~1.2m宽的小走廊，房门后一侧是入墙式衣柜。高档的商务型客房中，还可以在此区域增加理容、整装台，台面进深30cm即可，客人可以放置一些零碎用品，这是个很周到、体贴的功能设计。

③工作区。以书写台为中心，家具设计成为这个区域的灵魂，强大而完善的商务功能于此处体现出来。宽带、传真、电话以及各种插口要一一安排整齐，杂乱的电线也要收纳干净。书写台位置的安排也应依空间仔细考虑，良好的采光与视线很重要。

④娱乐休闲区、会客区。以往商务标准客房设计中会客功能正在渐渐弱化。从顾客角度分析，他们希望客房是私密的、完全随意的空间。从酒店经营的角度考虑，在客房中会客当然不如在酒店里的经营场所会客。这一转变为客房向着更舒适、愉快的功能完善和发展创造了空间条件。设计中可将诸如阅读、欣赏音乐等很多功能增加进去，改变人在房间中只能躺在床上看电视的单一局面（图4-54）。

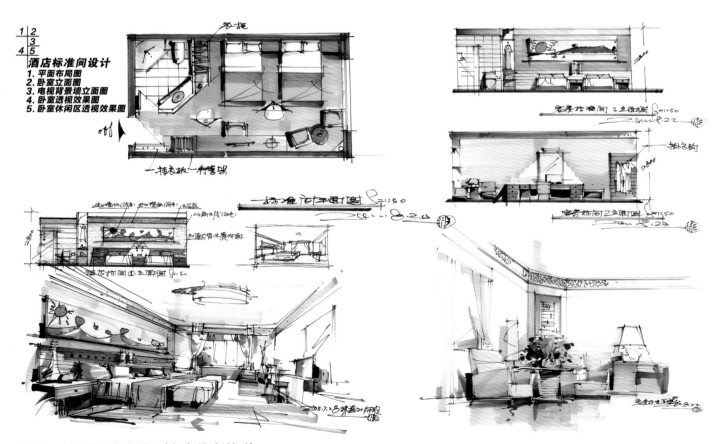

图4-53　某酒店客房快题设计与表现　杨健　绘

⑤就寝区。这是整个客房中面积最大的功能区域。床头屏板与床头柜成为设计的核心问题。为了适应不同客人的使用需要，也方便酒店销售，建议两床之间不设床头柜或设简易的台面装置，需要时可折叠收起。至于集中控制面板就不要再提了，这是客房中最该淘汰的设备。床头柜可设立在床两侧，因为它功能很单纯，方便使用最重要，一定不要太复杂。床头背屏与墙是房间中相对完整的面积，可以着重刻画。但要注意床水平面以上70cm左右的区域（客人的头部位置）易脏，需考虑防污性的材料，可调光的座灯或台灯(壁灯为好)，对就寝区的光环境塑造至关重要，使用频率及损坏率高，不容忽视。

⑥卫生间。卫生间空间独立，风、水、电系统交错复杂，设备多、面积小，处处应遵循人体工程学原理，做人性化设计。在这方面，干湿区分离、座厕区分离是国际趋势，避免了功能交叉、互扰。

a. 面盆区。台面与化妆镜是卫生间造型设计的重点，要注意面盆上方配的石英灯照明和镜面两侧或单侧的壁灯照明，两者最好都不缺。

b. 坐便区。首先要求通风，照明良好，一个常忽略的问题是电话和厕纸架的位置，经常被安装在坐便器背墙上，使用不便。另外，烟灰缸与小书架的设计也会显示出酒店的细心周到。

c. 洗浴区。浴缸是否保留常常成为"鸡肋"问题，大多数客人不愿意使用浴缸，浴缸本身也带来荷载增大、投入增大、施工时间延长等诸多不利因素，除非是酒店的级别与客房的档次要求配备浴缸，否则完全可以用精致的淋浴间代替，可以节省空间、减少投入。另外，无论是否使用浴缸，在选择带花洒的淋浴区墙面材料时，都要避免不易清洁的材料，如磨砂或亚光质地都要慎用。

d. 其他设备。卫生间高湿高温，良好的排风设备是很重要的。可选用排风面罩与机身分离安装的方式（面板在吊顶上，机身在墙体上），在大大减少运行噪音的同时，也延长了使用寿命，安装干发器的墙面易在使用时发生共振，也需注意。

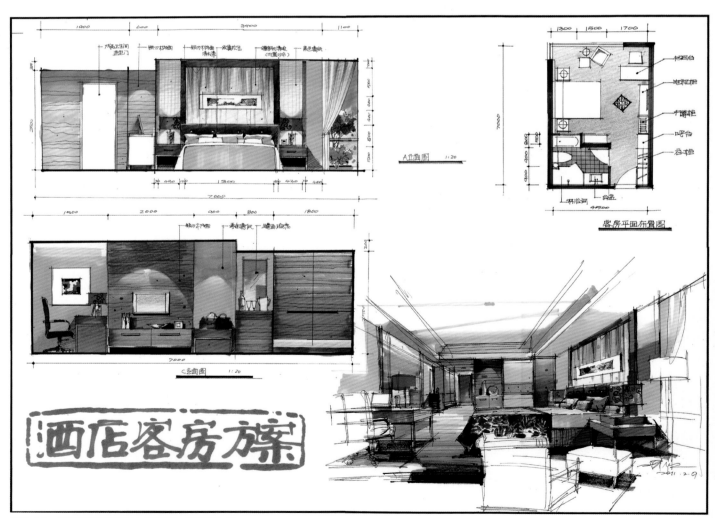

图4-54 某酒店客房设计与表现·陈红卫 绘

（五）展示空间设计要素

展示设计是一个有着丰富内容，涉及领域广泛并随着时代的发展而不断充实内涵的课题。展示设计是指通过对展示空间环境的创造，采用一定的视觉穿插手段和照明方式，借用一定的道具设置，将广泛的信息和传达内容艺术地展现在公众面前，以期对观众的心理、思想与行为产生重大的影响。展示设计主要包括总体设计、空间设计、版式设计、色彩设计、照明设计、陈列与道具设计、展示施工布展等，它通过多种艺术表达方式创造符合展示特点的视觉形象（图4-55）。

1. 展示设计的分类

展示设计在分类上各有不同，一般可从以下几个方面进行区分：

① 按展示的动机和功能分类可以分为观赏型展示（包括文物、珍宝、美术展）、教育型展示（包括政治、历史、成就、宣传展）、推广型展示（包括各种科技成果展）、交易型展示（包括各种展销会、交易会、洽谈会以及购物环境展示）等。

② 按展示规模分类有大型、中型、小型或国际型、国家型、地方型等。

③ 按展示时间分类可分为固定、长期、短期、定期、不定期等。

④ 按展示的形式类别分类可分为博览会、展览会、博物馆陈列、橱窗展示、购物环境展示、观光景点展示、节庆礼仪展示等。

2. 展示设计的研究范畴

（1）展览会。

展览会一般具有明显的时间性和季节性，在展览内容、时间、形式和规模上具有很大的灵活性和时效性。时间最长可达半年，最短2天。在艺术设计方面，各类展览会都注重创造丰富、活泼、热烈的气氛，追求招贴广告式的强烈印象、宣传效果、多变的形式以及强烈鲜明的色彩。

图4-55　某汽车展厅设计与表现　王姜　绘

（2）博览会。

博览会和展览会没有严格意义上的区别，在国际上经常混用。一般认为，它不同于其他类别展览会的地方，在于展览的相对单一和展出内容的广博（图4-56、图4-57）。博览会一般规模比较大，按照地域可以分为国际博览会、世界博览会、国家博览会、地区博览会等。

图4-56　某汽车展厅设计与表现　王姜　绘

图4-57　某汽车博览会设计与表现　孙大野　绘

（3）商业环境设计。

商业环境设计一般指各类商场、商店、超级市场、货亭等商业销售环境的展示。其设计主旨是在销售空间上要考虑商品的分布及人流交通的基本需要，并通过商品的陈列方式，以及借助展具、灯光照明等要素，营造便于顾客选购商品或适于商家进行销售的形式（图4-58、图4-59）。

商业环境的展示设计可以分为室外商业环境设计和室内商业环境设计两大类。室外（户外）商业环境设计主要包括商业空间外观环境的规划设计、商场店面外观设计、节庆和促销气氛的营造、指示标牌设计、店面形象设计以及户外广告设计等。室内商业空间设计主要包括商业空间的规划设计、商品陈列设计、专卖店设计、POP广告设计、展柜展台设计、商业橱窗设计、餐馆饭店室内设计、宾馆室内设计等。

图4-58　某手机卖场设计与表现　孙大野　绘

图4-59　某服装专卖店空间设计与表现　沙沛　绘

（4）演示空间设计。

演示空间包括各种大型演唱会、影视舞台、会议报告厅、音乐歌舞厅等空间环境设计（图4-60、图4-61）。

图4-60　某电子产品展位设计与表现　孙大野　绘

图4-61　中国电信国家旅游局展台设计与表现　孙大野　绘

（5）博物馆陈列设计。

博物馆是一个涵盖展区(含临时展区)、会议厅、办公区、库藏、接待休闲等部分的综合体，其中库藏区多设于地下层，接待休闲多分设于展区中，临时展区与会议厅等多设于展区的较低层，以便于设独立出入口（图4-62、图4-63）。所以，博物馆的主要功能分区可以简化为展区部分和办公区部分(包括文物维护等部门)。根据馆中办公区与展区空间关系的不同，博物馆功能分区的布局方式大致可分为嵌入式、并联式、独立式。这3种布局方式各有长处与不足，在设计中应根据实际情况统筹考虑，灵活扬弃。

①嵌入式。所谓嵌入式是指博物馆的办公部分位于博物馆的某一层或某几层的部分平面上，与整个展区融嵌在一起。这类布局主要适用于甲方对办公区要求的面积相对于主展区较小，或者办公区与展区各部分联系较多。当然，基地条件有限也是使用这种形式的主要原因之一。这类布局的不足是，各层平面各不相同，给建筑设计和结构设计带来一定难度。另外，办公区多设在不佳位置或层面。

②并联式。与嵌入式相对，所谓并联式，是指博物馆的办公部分与展区部分在空间和平面上划分明确，相对独立、自成体系。这类布局有利于办公区和展区的管理与独立使用。由于办公区与展区层高的不同，给建筑设计带来一定的难度，所以，并联式中型博物馆的办公区部分地上以两层居多。并联式布局可以有效地利用展览区和办公区的层高差值，形成切合博物馆主题的建筑造型，是建筑造型与内部功能合理结合的佳作。

③独立式。独立式与并联式相似，同样具有独立的办公区和展区。两者不同之处是并联式博物馆在外部看是一个整体，内部分区明确，相对独立。独立式博物馆从外部看更近似于两个或几个建筑组团，它们之间或以坡道相通，或以连廊相连。办公区与展区之间多为半通透的空间，可以与坡道或连廊结合，设置绿地、水景等室外休闲设施。几个不同区域组团还可围合成庭院式休闲场地，便于人流疏散和视觉缓冲。独立式博物馆由于组团设置的原因，往往需要大面积的基地作保障，所以这类博物馆多适用于基地面积充分的情况。

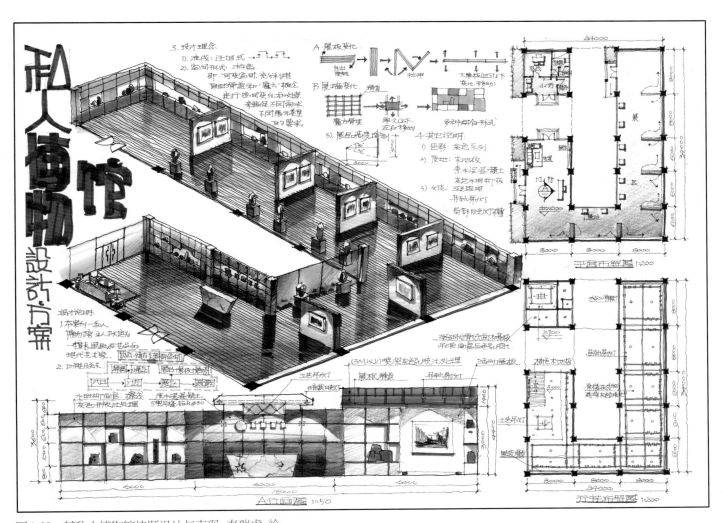

图4-62　某私人博物馆快题设计与表现　秦瑞虎　绘

图4-63 某纪念馆快题设计与表现 孙大野 绘

（6）服装专卖店设计。

服装专卖店是服饰营销渠道的重要组成部分，是目前服装零售中比较有效的一种方式，它是将服饰商品传递给最终消费者的最直接场所，也是生产者快速获取市场真实信息的重要渠道（图4-64）。

①服装专卖店的定义和结构特点。服装专卖店在市场上主要有店中店的专卖店和单独店面的专卖店两种表现形式。从市场实际情况看，单独店面的服装专卖店已经成为最重要的零售渠道。因此，服装专卖店作为与消费者最直接的沟通渠道，通过专卖店外观和室内空间设计来衍生出服装品牌形象，承载着服装品牌的立面与平面效果，演绎着服装企业文化的精髓和内涵，担负着服装品牌价值的实现职责。

②服装专卖店的空间认知感。设计师在进行服装专卖店设计时，首先应完成对服装专卖店的空间认知。在专卖店的室内环境设计上应以服装主体为主线进行设计，将服饰文化与专卖店设计相融合，使服装专卖店环境中的一切都传递着服装文化的信息。让消费者在专卖空间充分感受到服饰所传递的理念和服饰企业的文化内涵，强化对第一印象和直觉的吸引，通过服装专卖店特有的穿透力或亲和力将消费者的购买欲望激发出来。因此，在设计中应注意加强专卖店的空间布局设计、装饰材料选用、室内陈设品的风格、色彩的属性吻合及与产品标志的认知感。

③服装专卖店的细部设计。专卖店室内购物环境是产品的展示环境，室内空间界面设计应由繁杂转向简单，把顾客视线转移到展示品本身。专卖店设计应充分表现装饰材料的质感和肌理效果，关注弱质材料和强质材料的合理选择及流行色、新材料的时尚性和流行趋势。灯具的造型和灯光色彩是造就室内气氛的重要手段，可以给室内环境带来感染力。

服装专卖店陈设设计中应注意服装材质的肌理与色泽、光影的虚实与层次、物架的精致与灵巧等细节，使陈设风格呈现出浓郁的商品文化，赢得消费者的青睐。橱窗是专卖店设计的亮点，应采用高雅时髦、不求夸张的柔和色彩和柔和的灯光照明，营造舒适宁静的气氛。现今，橱窗设计不再追求透明，而是强调商店内部空间与店外街区之间的间隔式设计。在设计时，可通过背景设计或主题设计等手法突出专卖店的特征。也可利用绘画、摄影和各种较硬材料的质感、色彩、线条、形状的重复组合，构成某种富有艺术情调的店内装饰来点缀环境气氛。

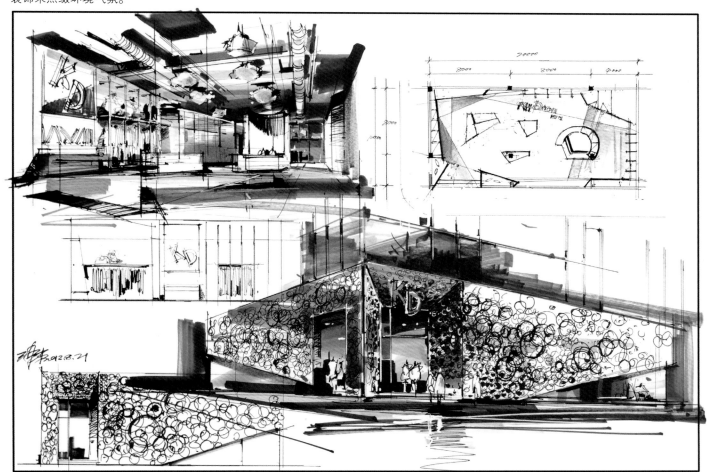

图4-64　某服装专卖店快题设计与表现　沙沛　绘

（7）汽车展厅设计。

①突出鲜明独特的品牌形象。汽车展厅展示的个性形象包括汽车品牌名称、商标、标牌、橱窗、展区的空间布局，以及汽车的展示形式、服务人员的服务质量等。如果其整体的视觉形象鲜明独特，将使参观者在一瞬间产生对商品的强烈印象，吸引其停留观看并进其展区亲身体验，从而使参观者对汽车品牌产生更多的认识。汽车展示应改变单纯展示的观念，要增强品牌理念的宣传，将品牌的形象定位有机地融入视觉设计中。任何一个品牌都有自己明确的定位，而且随着时代的发展呈动态发展，这种定位有年龄上的、价格上的，也有文化层次上的。故此，包括企业标志、图案、色彩以及代言人形象等都需导入汽车展示的空间设计中，使这些元素有机结合，充分显示其风格与形象，进而表达其内涵。

②灵活多变的空间布局。展示空间设计是汽车展厅设计的大前提，是在一定的空间环境中组成一定序列和艺术形式的直观展示过程。空间设计要确保观众有一种合理、有效的方式在流动的过程中接受特定的信息。展示空间的设计实质上是一个人为环境的创造，是在人和物之间创造一个彼此交往的中介，为展示活动提供一个符合美学原则的空间结构。采用动态的空间形式、序列化的展示形式和有节奏的空间变化是展示空间设计的基本原则。获得动态的空间形式可以通过视觉暗示和心理暗示，在展示中有意识地运用各种节奏变化和韵律呈现来暗示时空的推移。汽车展示空间不仅要具有汽车的展示功能，同时也应具有信息传播、交流洽谈、公共服务等多种功能。与通常的室内设计不同，展示空间是在一个大空间（展馆）中独立分隔出的一小块区域，再进行独立设计。汽车本身就是富有立体感的雕塑品，它是构成展示空间的一种形象元素，同时也赋予展示区空间设计新的文化内涵。汽车展览会这一载体，正是将汽车作为表现品牌形象的主要语言，再通过对其他空间形态的处理与衬托使展台的形象独树一帜，吸引参观者的光顾（图4-65）。

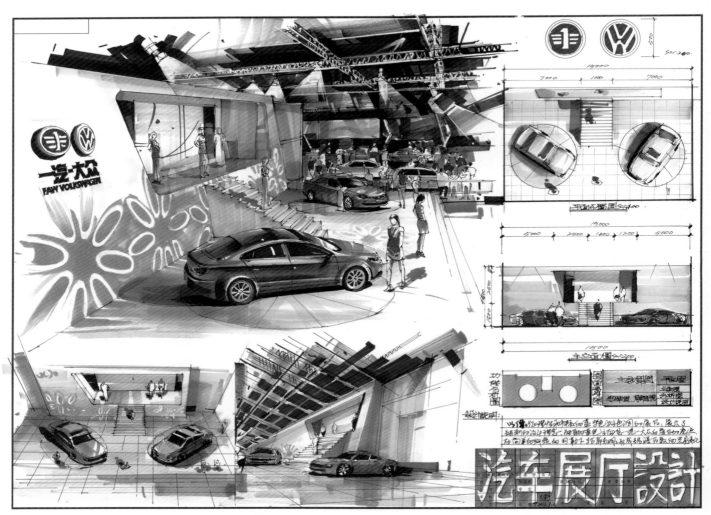

图4-65　某汽车展厅快题设计与表现　孙大野　绘

（六）售楼处空间设计要素

从本质上来说，售楼处就是开发商和购房者进行交易的场所。一个售楼处就好像开发商的"脸"，是开发商展示自己的舞台。从售楼处的建造和布置上，就能看出开发商的资金实力和营销功力（图4-66）。

设计一个成功的售楼处，首先要从环境上分析，即它为什么项目而建，是住宅、商业、写字楼、别墅还是其他。其中，根据住宅项目的设计理念不同，售楼处设计也应体现出别样生活，如现在流动的e时代、u生活。而商业项目的售楼处应体现出它的与众不同，如展现一种金碧辉煌、一种霸气、一种宾至如归的家的温暖。写字楼项目的售楼处则应体现出它的大气、安静、严肃的气氛等。也就是说，不同项目的售楼处设计应根据设计理念的不同，采用不同的设计风格。其次，一个成功的售楼处内部空间也应从功能上来划分区域，如应设有接待区、沙盘模型区、洽谈区、办公区，最好还应该设计一个贵宾区。

1. 接待区

接待区主要是销售人员用于接待客户、电话预约客户、统计来访客户、统计成交客户、写报表等工作的一个区域。接待区要设有一张能容纳4~6人使用的接待台，其最好摆放在一进大门处显眼的位置，便于销售人员及时地接待客户。在接待区还要设计一个形象墙，充分显示一种霸气。形象墙上要使用醒目的、别于其他墙体的颜色描写项目的名称。接待台上还要摆放3~4部电话，还要有一个客户联系资料和来访、来电登记本，这样便于销售人员能及时、准确、方便地联系客户或接听来电。

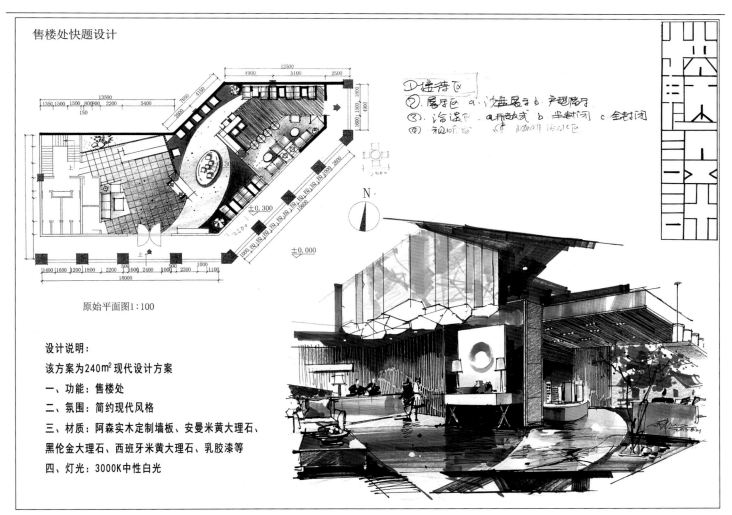

图4-66　某售楼处快题设计与表现　陈红卫　绘

2. 沙盘模型区

在接待区的正前方两侧可以均设为沙盘模型区。如果售楼处空间够大，也可以把沙盘模型区设在接待台的正前方，也就是一进大门的位置。这样既可显示出项目的醒目感，让客户一眼便感受到项目的大气，也可以让在门外还未进入售楼处的客户感到好奇，想一探究竟。另外，还可以在沙盘上装饰一些彩灯。也可以把沙盘模型设在一侧， 另一侧作为洽谈区，也可用于休息区（图4-67、图4-68）。

3. 洽谈区

洽谈区需要根据售楼处空间的大小，以及前期调查统计出的人流量的多少来设立。一般情况下，洽谈区的洽谈桌（谈判桌）为6~8张。洽谈区主要是为了促进销售成功而设立的区域，最好在这里添置饮水机。此外，洽谈区可以根据需要隔离出来一块贵宾区。在整个洽谈区，为了渲染销售气氛，促进销售成交，可以配制电视、音响、DVD等。

4. 办公区

在整个售楼处，除了接待区、沙盘模型区、洽谈区、贵宾区之外，最重要的是一定要设立办公区。办公区还要分经理室、财务室。经理室主要是用于保管客户资料、制订售楼处的规章制度、策划销售方案等。经理室要配备电脑、电话、打印机、复印机等办公用具。财务室主要负责收销售房款、填写销售报表、总结当日销售总数、及时上报等。

总之，整个售楼处的功能一定要齐全。 此外，一个成功的售楼处除了功能配套以外，还要在视觉上给人一种礼堂式的冲击。首先，售楼处的门头一定要大气，突出视觉感受，使色调、字体、灯光保证不论白天或者夜晚都一目了然。其次，项目名称最好通俗易懂，使人过目不忘。这样，才能做到家喻户晓。再次，售楼处内部装饰一定要用明亮的色调，最好采用黄色、金黄色等令人眼前一亮的，可给人一种豁然开朗的感觉。总之，一个成功的售楼处是关系到项目成败与否的根本要素，它体现着项目的设计理念。

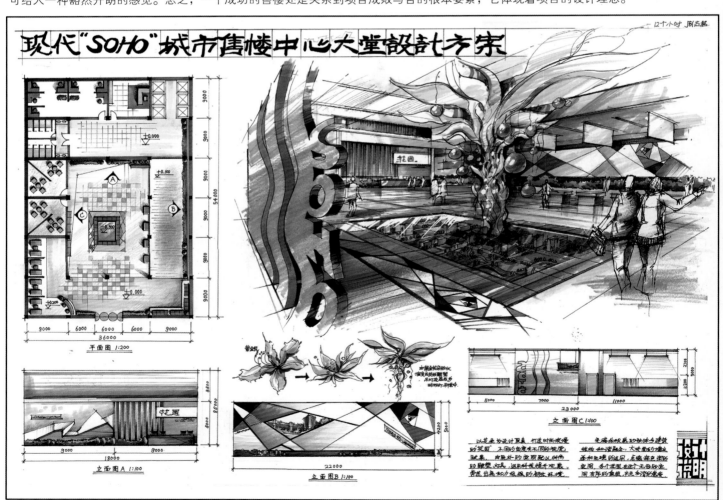

图4-67　某售楼处快题设计与表现　庐山艺术特训营学员　绘

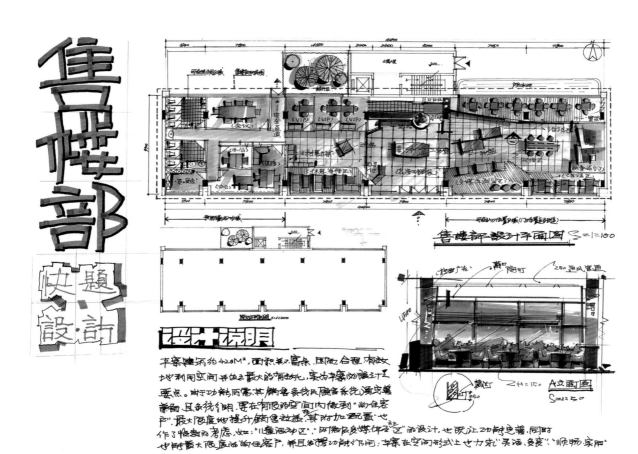

售楼部
快题
设计

设计说明

本案建筑约420M²，面积并不富余，因而合理，有效地利用空间并使之最大的高效化，实为本案的设计主要点。由于功能所需，其前台系线及限各系统演变普遍，其系统分明，要在有限的空间内做到"留住客户"，最大限度地提升销售效益，其附加配置，也作了悟当的考虑，如："儿童活动区"、"网络及多媒体作区"的设计，也联让功能更普遍，同时也能最大限度的留住客户，并且兼带功能作用，本案在空间形式上也力求"灵活、多变"、"顺畅实用"。

图4-68　某售楼处快题设计与表现　杨健　绘

Interior Space Sketch Design | 115

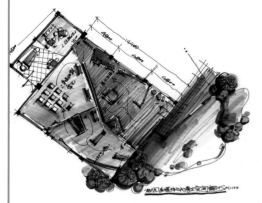

室内空间
快题考试技巧
与快题案例表达解析

INTERIOR SPACE
SKETCH DESIGN

一、快题设计的特点

快题考试要求考生思维敏捷、决策果断，并且擅长草图表现。以考试的形式展开的快题设计由于限定性因素比较多，因此强度更高，要求考生在紧张的状态下仍然能够思维顺畅。具体而言，快题考试的特点有以下3个方面。

1. 时间紧张，工作强度高

室内快题设计一般限定在3~6小时，在考场的紧张气氛中面对一个全新的设计任务，对于人的体力、心理素质都是一个挑战。

快题考试需要提交综合的设计成果，一般包括各层平面图、主要立面图、剖面图、节点详图和透视图等。并且要紧凑、美观地排布在图纸上面。另外，设计说明要非常简练，有说服力与吸引力。可以说，快题考试是对考生综合设计能力的全面考查。

2. 要求独立完成

与平时作业或者练习不同，考试不允许翻阅资料与交流，考试发挥完全要靠平时的积累，只有备考充分，在考场中才能达到举一反三、融会贯通。

3. 自备工具

快题考试中要求考生自备工具，考生要携带最适合自己的绘图工具，考试中由于空间与时间都有限，工具摆放必须合理，避免增加烦躁情绪。

从上面几点可以看出快题考试与平时方案练习有很大的区别，在考试的紧张气氛中，时间紧迫，任务繁多，不允许进行长时间的思考与修改，需要在短时间内拿出一个合适的设计方案。考生应选择自己最擅长的设计方式与表现方式，快题考试在于考查基本功，所以一般来说，设计合理、表现得当便会得到认可。

二、应试技巧

（一）考前准备

一般而言，考生在参加考试之前都会进行日常练习和模拟考试，在这个热身过程中，考生会逐渐形成自己的设计和绘图习惯，对不同工具的特点也会比较了解。建议考生在平时的练习中，总结出适合自己的工具清单。

在考试前几天，按照自己的清单准备好各种工具如橡皮、铅笔、尺子、胶带、马克笔、图纸、彩铅等一系列物品。考试前再最后检查一遍，以免在考场中发现遗忘某样工具而影响心情。考试前一个月内有规律地进行周期性的训练，让自己在与考试相同的时间与状态下完整地绘制出效果图、立面图等，便于熟悉考试的节奏和程序，在考场上轻松发挥。留意自己更擅长的设计风格和表现方式，并熟悉一些比较有特点的配饰，针对不同风格去搭配。在备考过程中宜有张有弛，学会休息。科学证明，经过密集的训练后，适当放松和休息有利于缓解疲劳和压力，而同时潜意识中仍在组织、演练自己的这种能力，当再次开始工作时，会有突破性的提高，因此，保持良好的用脑节奏非常重要。在考试前和考场上，如果感到紧张可以通过深呼吸等方式来减轻压力。

（二）心理调整

无论考试时间是3小时还是6小时，快题考试都是高强度、快节奏的，而且考试时的心态会极大地影响考生真实水平的发挥。要想从容果断地完成设计任务，取得好的成绩，考生要抱着一颗平常心，考场上不要慌乱与紧张，在面对命题时要做到理解设计题目、避免设计"硬伤"、合理表现设计。能与众多考生同台竞争，对自己就是一种历练。

考试中，考生还要准备适当的食物和水补充能量，应选择食用方便且能量高的食物，如巧克力、士力架等，也可以带一杯咖啡或其他功能性饮料。建议一定要带上清水，考试时清淡的感觉最好。总之，不管准备何种食物都要以安全健康为本，避免腹泻。

（三）理解题意

准确地理解题意是快速设计的首要环节。任务书中不仅包括了常规的设计要求，往往还隐含着方案的特殊性问题和重要的原则性问题，因此，对于题目的理解要仔细谨慎，不可草率。

（1）基础资料，包括项目的地点、背景、名称以及平面图等。
（2）设计内容，包括项目的性质、功能、范围以及深度等。
（3）成果要求，包括文字说明、项目分析、图纸数量等。
（4）理解任务书时首先要通读全文，不要忽略文字和附图的任何部分，从而形成一个整体的印象，如项目的类型、功能、图纸数量等。由于设计任务书的信息是多层次的，因此，通读一遍后，可以有针对性地再阅读一遍，此时对于有些套话性质的内容可以一带而过。

（四）时间安排

考试时受严格的时间限制，因此合理地分配时间非常重要。时间的安排上既要保证完成任务书规定的全部内容，又要将主要精力放在重点部分，形成亮点。千万不要在细枝末节上纠缠不休，也不要过分追求方案的完美，只要总体上功能布局合理，总平面图上不出现大的原则问题，就可以及时转入表现阶段。毕竟应试时具备全套图纸的普通方案要远胜过还未表现出来的奇思妙想。有些考生虽然设计能力强，平常的练习中也常有很好的想法，但是由于时间分配不当，设计阶段占用的时间太长，而导致成果表现很差甚至没有完成，这是非常可惜的。可以说对设计的优化是无止境的，在考试中一定要均衡各部分的时间分配，把握全局。

审题的时间要充分，对文字和图纸要仔细阅读，重要的信息要做上标记，写上自己当时的想法。如果审题不充分，急于下手，那么在方案深化中或者已经画完了才发现忽视了一个重要的限制条件，将会极大影响情绪。充分理解和分析题意，才能做到正确把握方向，按需答题。

快题考试中，草图贯穿方案设计的始终，尤其是前半段。构思阶段的草图可以比较抽象，往往一个圈就代表一个空间，比例也不必很严格，草图的主要作用在于把任务书中的各种条件和限制在纸面上表现出来，并在这个过程中展开形象思考和逻辑思考。

在考试中虽然一直处于高度紧张状态，但是不同阶段会有不同的心情，因此时间的安排也要有一定的节奏感。例如在深化草图后需要考虑如何排版，避免出现总平面图画好后难以安排立面图或分析图的问题，这种全局的安排是相对放松的工作。画完最重要的总平面图后，可以稍微松一口气，接着绘制简单的分析图，变换下节奏。

快题考试时间分配见表5-1、表5-2。

表5-1　3小时快题考试时间分配参考

工作内容	参考用时（分钟）	我的用时（分钟）	应试时对应的时间段
审题、构思	10+20		
草图	20		
排版	5		
总平面图	50		
透视图	30		
分析图、立面图	30		
文字说明	15		

表5-2　6小时快题考试时间分配参考

工作内容	参考用时（分钟）	我的用时（分钟）	应试时对应的时间段
审题、构思	20+30		
初步草图阶段	30		
深化草图阶段	30		
排版	10		
总平面图	90		
分析图	30		
透视图/鸟瞰图	60		
立面图	30		
图例、图名、文字说明	30		

三、择业快速设计注意事项

（一）了解要应聘的公司

了解要应聘的公司是非常重要的，一方面了解自己的发展方向和公司发展方向是否一致，另一方面不同的公司有其不同的设计领域，在应试前应进行有针对性的练习。

不同的公司有不同的设计方向，有的现代简洁、有的欧式豪华等，如果能够供职于与自己审美倾向一致的公司对于自己未来的发展会很有帮助。

如果应试之前不去思考这些，很可能要错过很多机会，同时耗费大量的时间，而且缺少针对性的练习，成功率也不会很高。

（二）针对各个公司的特点准备

如上文所述，每个公司都有自己的专长，这与公司的历史、客户源等有着不同程度的关系，做好前期工作，针对不同的公司进行相应的准备与练习。

（1）多查找该公司所涉猎项目的方案实例与实景照片，详细研究其平面与实景照片之间的关系，研究设计者对不同空间的功能与立面上的处理手法，这样研究有助于我们在今后的设计里面灵活处理不同空间的功能与立面。
（2）多选用一些建筑原建图进行设计练习，尽量多做方案，最后与设计的原平面相比较，揣摩原设计的处理手法，可以使思路豁然开朗。
（3）在对各个空间的功能清晰了解以后，如何表达自己的设计思想就显得格外重要，平时要学习不同的表现手法，参考名师作品，提高自己的审美能力。

（三）多方面表现自己的想法

室内设计的择业考试大部分是有时间限制的，所以需要在有限的时间里尽量表现自己的想法。考试时虽然有一些图是规定必须画的，比如平面图、立面图、透视图等，但不是说这几张画完了就结束了，作为一个优秀的设计师应该考虑得更多，如在平面上是否有更好的创意出现，能否做得更加独特，当我们用一种充满激情的态度去面对自己的设计时，就会有更充分的渴望去完善设计，可以用局部草图及大样等多方面来诠释设计，这是设计师的一种职业精神，同时也是一种态度，态度决定一切。

四、快题设计表现程序与要点

（一）快题设计的表现程序

1. 审题
认真读懂题目要求，包括空间尺寸、使用者（把握设计分寸）、空间类型（办公空间还是餐饮空间等）、功能要求、特殊要求（如欧式风格）等。

2. 分析
功能空间的流线，功能空间的面积，功能空间的开放程度，空间的对内和对外的关系等。

3. 设计操作
寻求合理的构图布局，绘制设计草图，确定设计理念与设计方案。

4. 素描表现
用钢笔（或绘图笔、黑色圆珠笔等）将平面图、立面图和透视图合理布局后，在所要求的图板上绘制出来。

5. 色彩表现
用马克笔、彩铅或两种表现技巧结合表现图幅的物体关系（如平面图、立面图和透视图等），使图板完整展现，增强设计视觉效果。稳健的方案要求满足功能布局，设计合理，图面表现清晰美观。

由此可见，试卷的第一印象非常重要，直接影响到分档的好坏，没有设计"硬伤"，能吸引人眼球无疑会被选入A档，好的快题设计应该满足以下几个要求：
（1）设计成果完整。首先任务书中要求的图纸一定不能缺，否则再好的构思与表现都是徒劳。
（2）没有明显的"硬伤"。画面不存在明显的尺度错误和比例错误，功能布局不存在明显的不足或者失误，对题目限制条件理解正确等。

（3）亮点突出。在大多数卷子中能跳出来的一定是有亮点的，这要求在表现上充分深入，排版新颖合理，设计概念动人。

（4）综合效果好。设计与表现通过整个版面设计来呈现，版面的布局直接决定了给人的第一印象。

（二）快题设计表现的三项任务

1. 版面构图设计与调整

内容包括版面内各种图形的常用布局格式，针对敏感部位的构图检查方法以及构图失衡时的调整手段。这部分内容占据作业时间很短，费神而不费力。凡事一开局，一收尾，总是关键。版面构图的设计能展现热闹、时尚、古朴、童趣等各种截然不同的风格，这就是版面设计的绝妙之处。完美的版面构图不仅要富有设计感，更重要的是能在刹那间就烙印在阅卷者的脑海中！版面的整体表现形式，构图是否可读、能否在形式上吸引视线，很大程度上取决于版面的设计。透过版面，可以感受到设计者对室内空间的态度和感情，更能感受到设计的特色和个性。版面吸引读者，主要是吸引读者的视觉，利用人的视觉生理和视觉心理，产生强大的视觉冲击力，牢牢吸引读者的眼球。

2. 线稿的快速绘制

内容包括二维图形线条、三维图形线条、绿化、配景线条和各种字体。这部分内容占据2/3的作业时间，是制作的主体与表现的基础。"线"担负了以形传神的任务；"形"是客观物象；"神"是反映物象的气质、精神及生命力，也反映出画家的思想感情。线的表现力体现在两个方面：一是线条本身的变化，有轻重、浓淡、刚柔、虚实、顿挫、转折、急徐等变化；二是在画面的安排上，要有疏密、聚散、长短、穿插等变化。线的选择也是很重要的。

3. 影调、色彩的快速表现

内容包括透视图的影调与材质色彩，绿化与配景的影调、纹理和色彩，各种用以调整构图的字体与装饰色块的填色。这部分内容虽然只占1/4的作业时间，却很影响最终的表现效果。常把室内色彩概括为三大部分：首先是作为大面积的色彩，对其他室内物件起衬托作用的背景色；其次就是在背景色的衬托下，以在室内占有统治地位的家具为主体色；最后是作为室内重点装饰和点缀的面积小却非常突出的重点色或称强调色。这些色彩的搭配对营造整个室内空间的氛围非常重要，空间内氛围的表现也是依靠色彩，空间中冷暖色调的变化，就是由整个色调烘托出来的。

五、高校真题快题案例表达解析

案例一

某大学研究生考试快题任务书

一、基本要求

（1）总分150分。

（2）考试时间6小时（包含0.5小时午餐时间）。

（3）表现形式不限，不允许绘制任何形式的图框及边框。

（4）考试试卷尺寸为A1图纸，横幅构图，考号、姓名等考试信息写于右下角，请预留折叠位置，勿遮盖卷面内容。

二、考试内容

室内设计专业方向

设计题目：餐饮空间室内设计

设计内容：室内空间设计

根据所给定的平面图（见附图），设计一套餐饮空间（次要入口和窗户自定）。

三、设计及图纸要求

（1）对空间进行合理的功能分区，绘制平面图、顶平面图，并标注材料。

（2）绘制主要立面图1张，其他位置立面图1张或以上，并标注材料。

（3）绘制彩色小透视图至少1张，表现形式不限。

（4）设计风格自定，要求具有鲜明的特色。

（5）简要设计说明100字左右，所有墨线图纸比例自定。

案例表现见图5-1~图5-3。

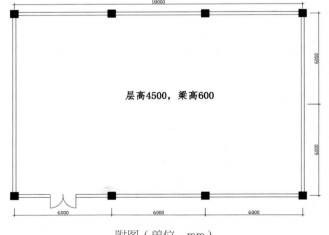

层高4500，梁高600

附图（单位：mm）

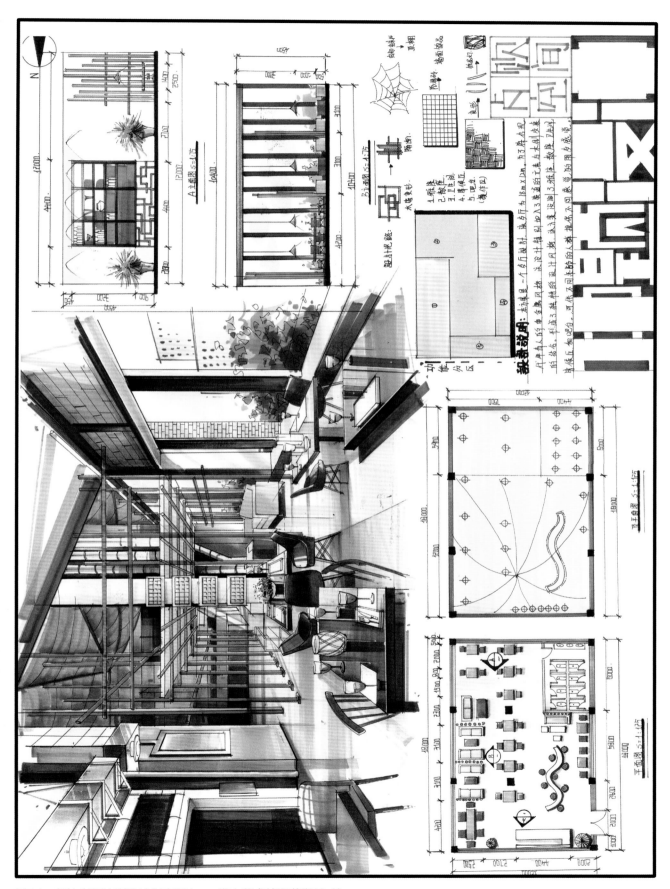

图5-1 餐饮空间快题设计与表现之一 庐山艺术特训营学员 绘

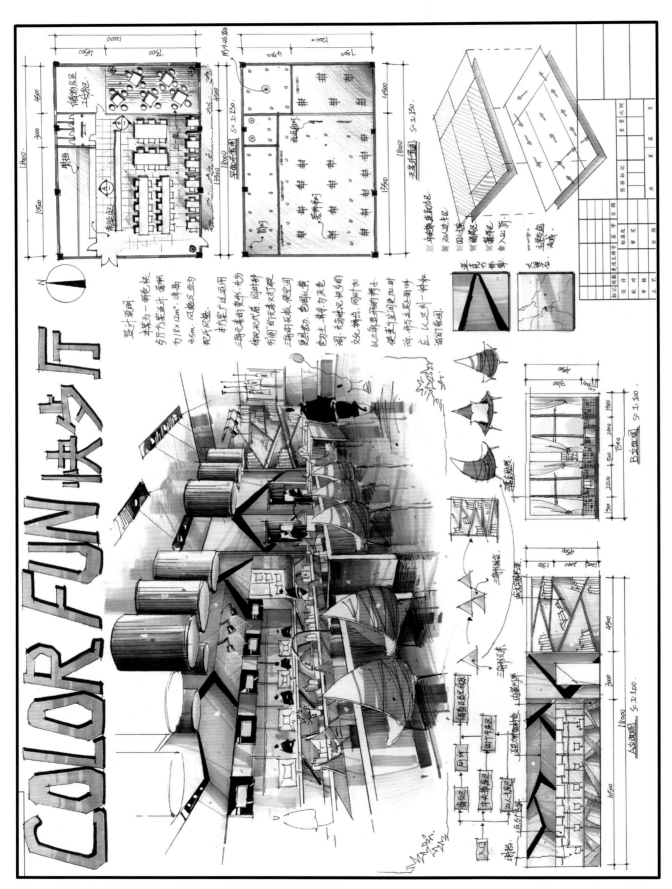

图5-2　餐饮空间快题设计与表现之二　庐山艺术特训营学员　绘

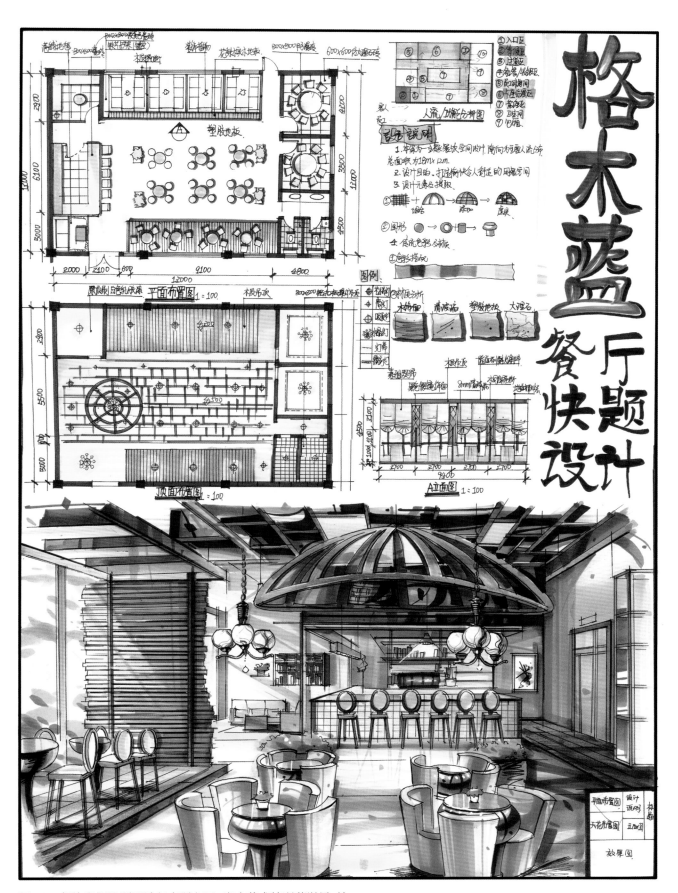

图5-3　餐饮空间快题设计与表现之三　庐山艺术特训营学员　绘

案例二

某大学研究生入学考试试题（A卷）

环境艺术设计

考试科目名称：专业命题设计（作图3小时）

（1）题目：某楼盘售楼处室内环境设计。

（2）设计要求：A2图纸；为某售楼处进行室内环境设计，必须有前台、接待区、展示区等，其他环境要素自定。售楼处总长20m、总宽12m、室内净高4m，建筑平面图自定；要充分考虑售楼处的功能需求及行业特点，室内空间布局合理、功能流线顺畅、尺度适宜。制图规范，有相应的文字标注及主要尺寸的标注。

①完成售楼处主要效果图1张。

②完成售楼处平面布置图1张。

③完成售楼处主要立面图1张。

④简要的设计创意说明。

案例表现见图5-4~图5-6。

图5-4　售楼处快题设计与表现之一　庐山艺术特训营学员　绘

图5-5 售楼处快题设计与表现之二 庐山艺术特训营学员 绘

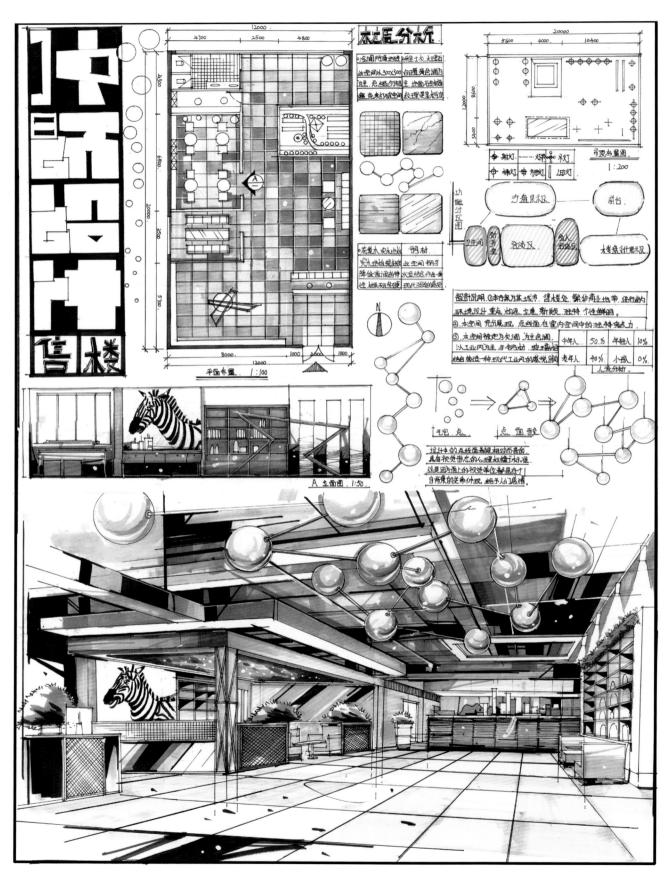

图5-6 售楼处快题设计与表现之三 庐山艺术特训营学员 绘

案例三

某大学室内设计方向考研快题任务书

设计以"丹青"为主题的临街画廊，要求此画廊兼具销售功能。

设计条件：场地位于商业步行街中，为一临街的出租商铺。原建筑平面大小为14m（开间）×8m（进深），室内净高3.5m，入口在开间一侧，室内无柱。

设计要求：

（1）试根据以上条件进行设计，入口位置自定。

（2）图纸要求：

平面布置图，比例1：100（40分）。

顶面布置图，比例1：100（30分）。

剖/立面图，比例1：50（20分）。

透视效果图（手法不限）（50分）。

（3）以简要的文字说明设计方案的构思，可结合图表分析（10分）。

案例表现见图5-7。

案例四

某大学研究生入学考试试题（室内设计方向）

题目：个人设计工作室

以"墙"为主题进行室内空间设计，个人工作室，就是指有一定能力的个人承接相应的业务，然后由自己根据客户的要求独立完成，从而获得相应报酬的一种工作模式。工作室不是一个空间概念，而是一种工作状态。工作室是创造、独立、自由、个性等精神的完全张扬，是一个更人性、更效能、更先进的工作状态。而公司则不是，在这些方面，公司是有限制的张扬。工作室所有者掌握精湛的技术技能，基本能满足客户的各种需要，不用去专门的企业上班，能自由安排自己的时间。另一方面，服务所收费用除了渠道来源方占有相应的报酬后基本为个人所得，经济上拥有独立的掌控权，属于多劳多得的经济分配原则，技术方面也能在相应的业务接触中得到一定的升华。

根据对文章的理解进行室内创意性设计，平面图见附图。

要求：

（1）必要的设计分析。

（2）要求绘出平面图、天花图、立面图以及节点详图（比例自定）。

（3）空间效果图1张（表现方法不限）。

（4）200字以内的设计说明。

案例表现见图5-8。

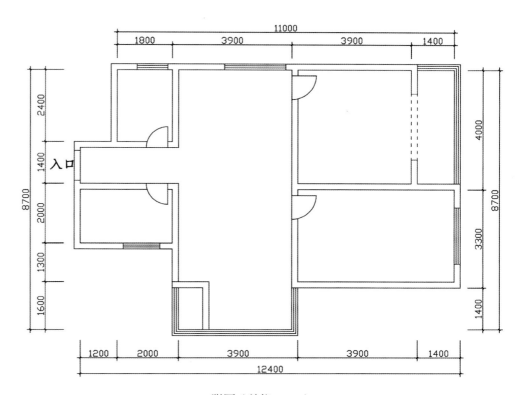

附图（单位：mm）

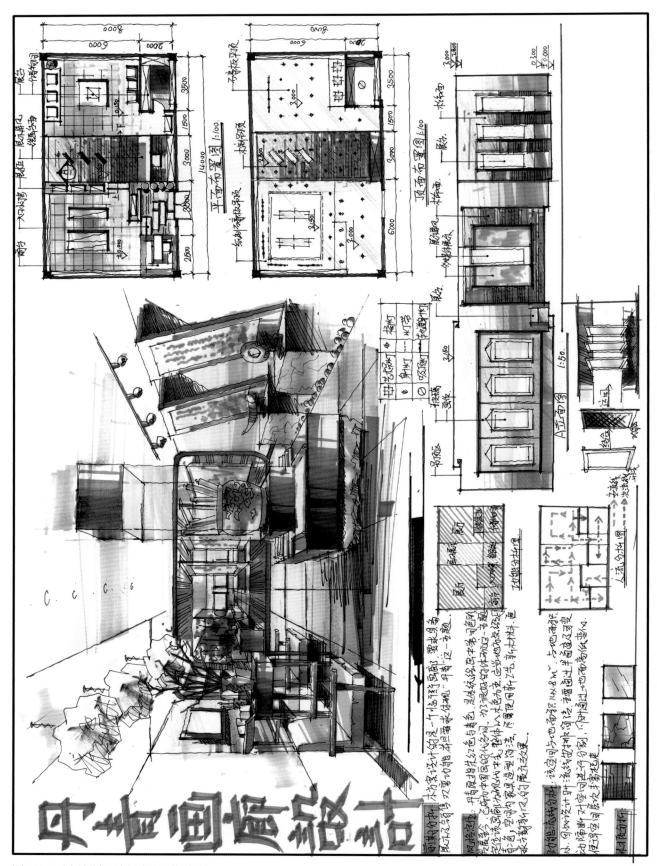

图5-7　画廊快题设计与表现　蒋增 绘

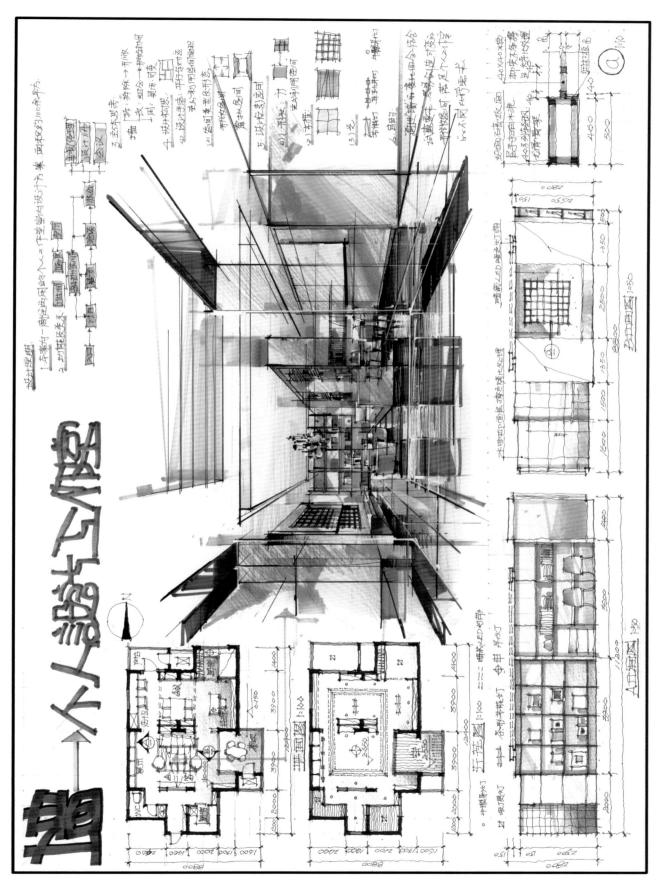

图5-8　个人工作室快题设计与表现　秦瑞虎　绘

案例五

某大学研究生入学考试试题
题目：校园书吧设计
校园书吧属于一个较为新兴的经营模式，结合了清吧与书店的功能，专为以大学生为主的知识分子提供休闲、交友、会议、读书的场所与平台。在校园书吧这种模式出现以后，这种新的经营模式在不断地改善中迎合消费者的需求，取得了很大的成绩。不仅在规模上越来越大，而且在数量、分布上有着雨后春笋般的态势。
请根据要求设计一个校园书吧，周围环境自拟。平面图见附图。
要求：
（1）设计出平面布置图、顶棚图、立面图（比例自定）。
（2）效果图2~3张（表现方法不限）。
（3）空间设计合理，流线清晰，具有独创性。
（4）标注基本的材料名称以及尺寸标注完整。
（5）200字以内的设计说明。
案例表现见图5-9。

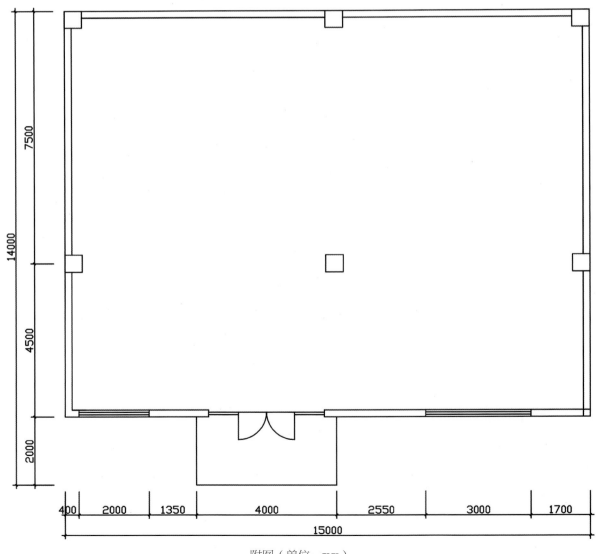

附图（单位：mm）

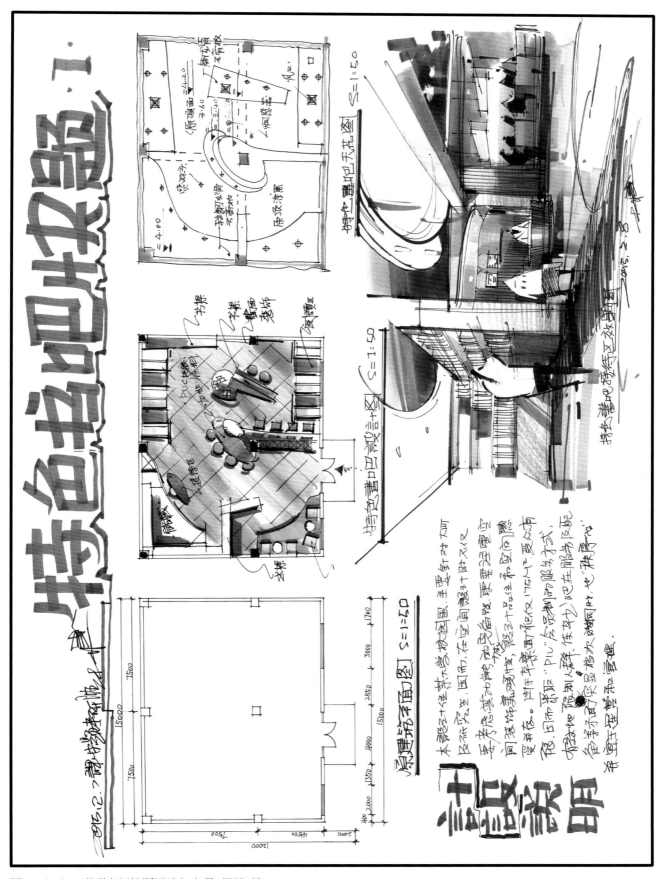

图5-9（a） 书吧空间快题设计与表现 杨健 绘

图5-9（b）　书吧空间快题设计与表现　杨健　绘

案例六

某大学研究生入学考试试题
题目：居住空间设计
居住空间设计是"空间设计"专业的重要课程，它解决的是在一定空间范围内，如何使人居住、使用起来方便、舒适的问题。居住空间不一定大，涉及的科学却很多，包括心理、行为、功能、空间界面、采光、照明、通风以及人体工程学等，而且每一个问题都和人的日常起居关系密切。

本方案为一三口之家，男主人为高校老师，女主人为全职妈妈在家带孩子，设计时要求考虑到家庭成员构成。平面图见附图。

要求：
（1）设计出平面布置图、顶棚图、立面图（比例自定）。
（2）效果图1张（表现方法不限）。
（3）空间设计合理，流线清晰，具有独创性。
（4）必要的设计分析。
（5）200字以内的设计说明。
案例表现见图5-10。

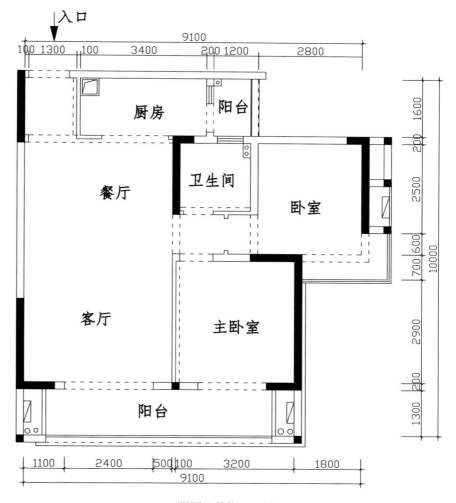

附图（单位：mm）

案例七

某大学研究生入学考试试题（A卷）
环境艺术设计
考试科目名称：专业命题设计（作图4小时）
（1）题目：戏曲活动中心。
（2）设计要求：A2图纸；徽剧是一种重要的汉族地方戏曲，主要流行于古徽州府（歙县、黟县、休宁、婺源、绩溪、祁门）和安庆市一带。
《中国戏曲志》（安徽卷）："明末清初，徽剧以青阳腔、昆曲及地方俗曲为基础，于安庆石牌、枞阳一带发展而形成。"
徽剧是新中国成立后的定名。徽剧的含义并不等于徽戏，它的声腔包括青阳腔、徽戏、徽昆和花腔小调几大部分，以徽戏和青阳腔为主。
徽剧是与黄梅戏、庐剧、泗州戏并列的安徽四大优秀剧种之一。
根据以上说明，要求室内空间布局合理、功能流线顺畅，尺度适宜。制图规范，有相应的文字标注及主要尺寸的标注。
①完成主要效果图1张。
②完成平面布置图1张。
③完成主要立面图1张。
④简要的设计创意说明。
案例表现见图5-11。

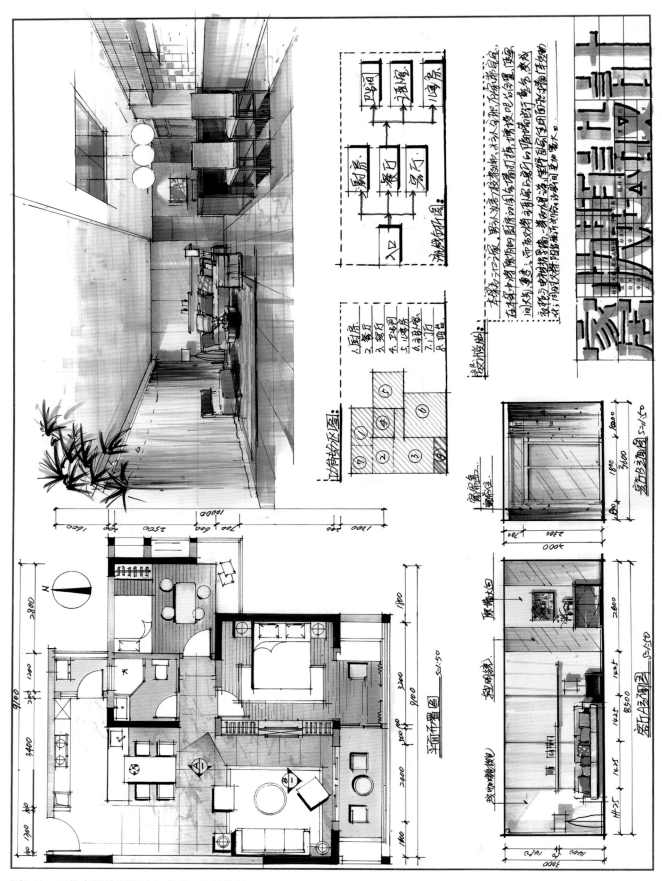

图5-10 居住空间快题设计与表现 孙大野 绘

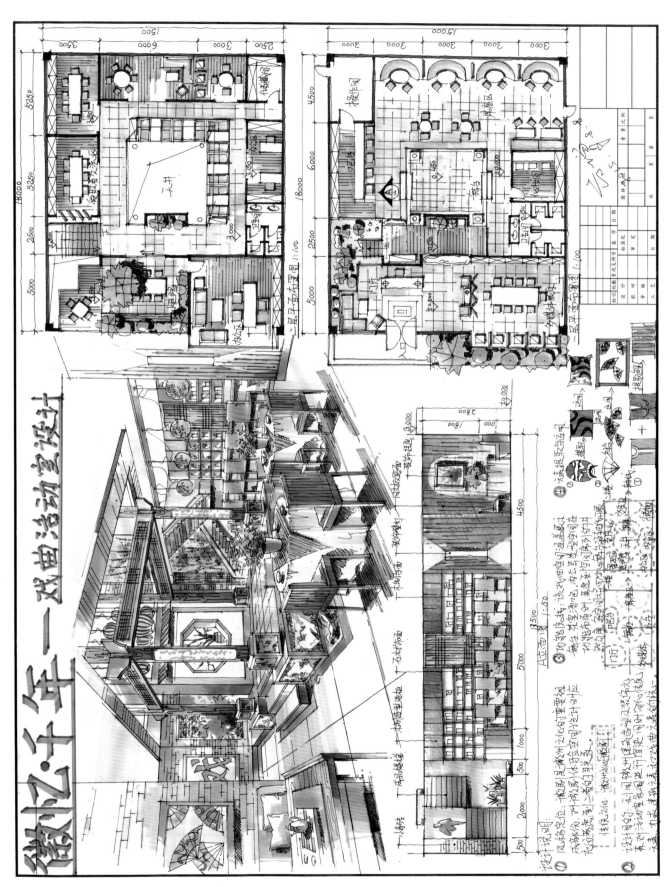

图5-11 某戏曲活动中心空间快题设计与表现 蒋增 绘

案例八

某大学研究生入学考试试题（室内设计方向）

（1）题目：汽车展厅设计。

（2）设计要求：建筑面积约300m²，周围环境自定，要突出科技感、现代感，营造一个工业氛围，重点考虑整个展厅的宽阔性与采光性，使其在空间上得到优化。为了满足多功能使用空间，以及灵活空间布局，需营造出深邃、广阔、明亮的空间感，为展示汽车产品发挥良好的作用。全空间需以现代工业建筑材料为基础，在与汽车产品的相互衬托下，构成含蓄、秀气、怡然、清新的空间主调，表达出汽车公司的文化内涵，满足购买高档汽车的心理与视觉要求。另外，要求展位整体醒目，突出展示车辆。

根据以上说明，要求室内空间布局合理、功能流线顺畅、尺度适宜。制图规范，有相应的文字标注及主要尺寸的标注。

①主要效果图1张（表现方法不限）。

②平面布置图1张（比例自定）。

③主要立面图1张（比例自定）。

④简要的设计创意说明。

案例表现见图5-12。

案例九

某大学研究生入学考试试题（室内设计方向）

（1）题目：某咖啡厅设计。

（2）设计要求：该咖啡厅地处城市繁华街区，面积约200m²，周围环境自定。要求设计一个具有休闲阅读功能的咖啡馆，具有独创性和环保的设计理念，同时考虑到人的行为习惯和空间氛围感。

根据以上说明，要求室内空间布局合理、功能流线顺畅，尺度适宜。制图规范，有相应的文字标注及主要尺寸的标注。

①完成主要效果图1张（表现方法不限）。

②完成平面布置图1张（比例自定）。

③完成主要立面图1张（比例自定）。

④简要的设计创意说明。

案例表现见图5-13、图5-14。

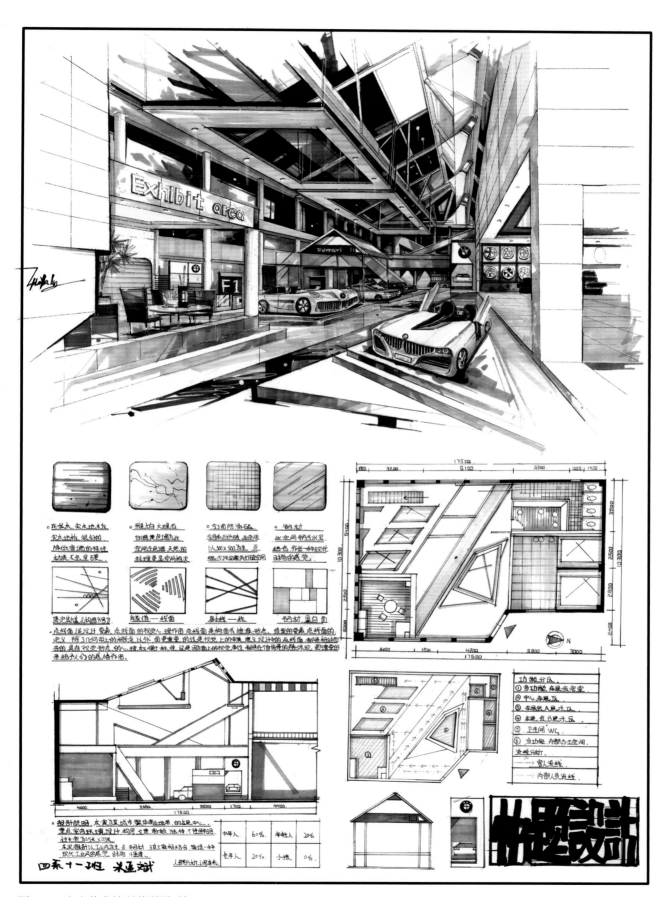

图5-12 庐山艺术特训营学员 绘

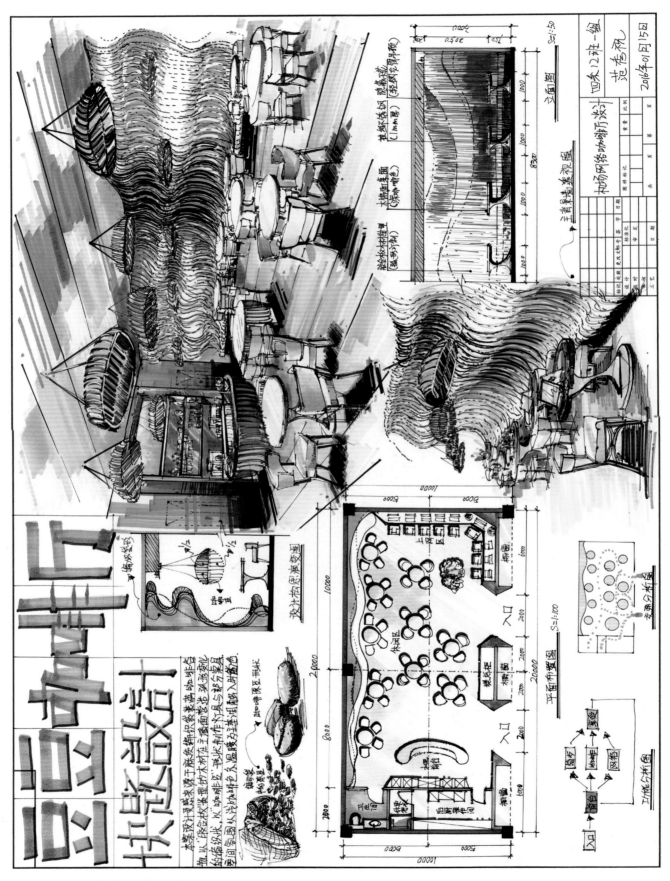

图5-13 庐山艺术特训营学员 绘

138

图5-14 庐山艺术特训营学员 绘

06

考研快题设计
实例评析与模拟训练

INTERIOR SPACE
SKETCH DESIGN

一、商业展示空间设计

1. 快题设计任务书

该快题为40m²的专卖店设计，空间长8m，宽5m，高4m，门窗位置自定，入口位置自定，墙体宽度为240mm。在40m²的面积内进行商业展示空间设计，具体环境、商品品牌、定位档次等自定，空间结构自定。

要求绘制平面布置图、天花布置图、主要立/剖面图，主要效果图表现，设计说明150字左右。

要求绘制在一张正式的A2图纸上，图纸比例自定。

要求在4小时内完成快题设计与表现。

2. 点评与解析

案例表现见图6-1。

优点：

（1）图幅版式表达工整，主效果图、次效果图、各平面图、立面图表达清晰明确。空间平面图采用"折线型"方式布局，生动活泼，空间视觉冲击力很强。天花吊顶的圆形设计元素与地面上斜线六边形元素互相呼应，不仅烘托出设计元素的熟练运用，也更能体现出商业专卖空间的商品特性。

（2）空间交通流线顺畅，功能布局合理。入口处采用右下角设计，是进入内部展示区域的缓冲空间，围绕着中心环岛展示区域设计的交通流线很顺畅，平面图与天花图对应明确。

不足：

（1）空间细部设计缺少推敲，从平面图上看，根据窗户洞口的设计可推断出该方案的设计位置应该是某商场内部，但从效果图上来看没有体现出窗户的设计角度。同时，天花吊顶的灯具略显琐碎。

（2）图纸中的工程字体、POP字体等缺乏工程制图感。

二、LOFT空间改造设计

1. 快题设计任务书

该快题为LOFT空间改造设计，空间长16.6m，宽13.4m，高6m，门窗位置自定，入口位置自定，墙体宽度为370mm。要求绘制平面布置图、天花布置图、主要立/剖面图，主要效果图表现，模拟考试时间为6小时，设计说明150字左右。

2. 点评与解析

案例表现见图6-2。

优点：

（1）本快题设计作品版式工整。效果图占整个版式1/2面积，效果图场景完整，角度选取得当。透视准确，形体比例正确，选择的透视角度一目了然。明暗及色彩关系较好，技法娴熟。

（2）功能及功能关系良好。平面图采用直线形布局形式，入口处做了特别的斜线形式，使进入室内时有了充足的缓冲空间。设置了门厅、展示、洽谈、公共会议区、开敞式办公区、卫生间等区域，功能齐全。

（3）制图完整，平面图、剖面图表达清晰明了，制图符号应用准确。

不足：

（1）画面颜色整体偏灰调子，平面图功能稍显琐碎，左右的功能分区可能会不够流畅。

（2）图纸中的工程字体、POP字体等缺乏工程制图感。

（3）缺少相应的设计说明和制图工艺材料的标示。

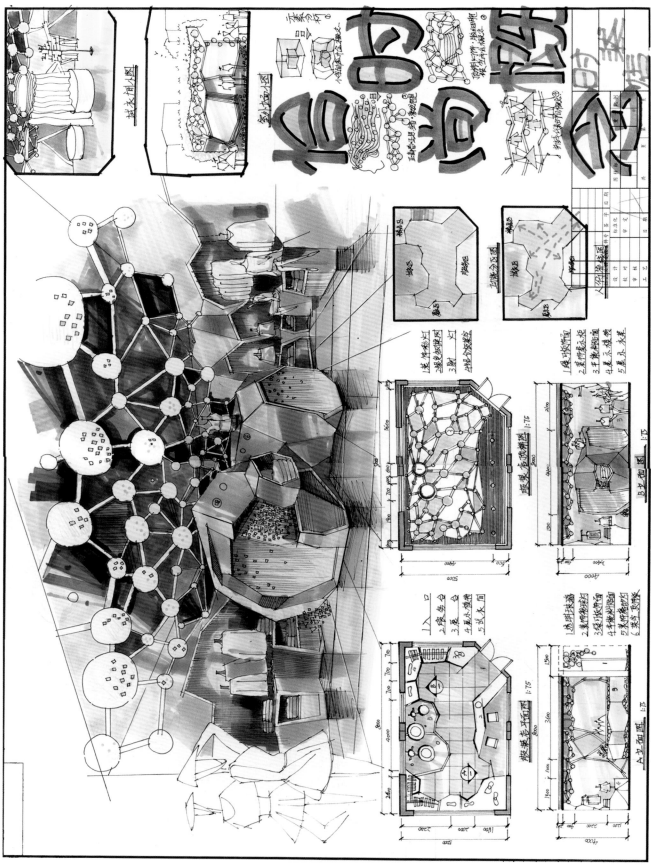

图6-1　庐山艺术特训营学员 绘

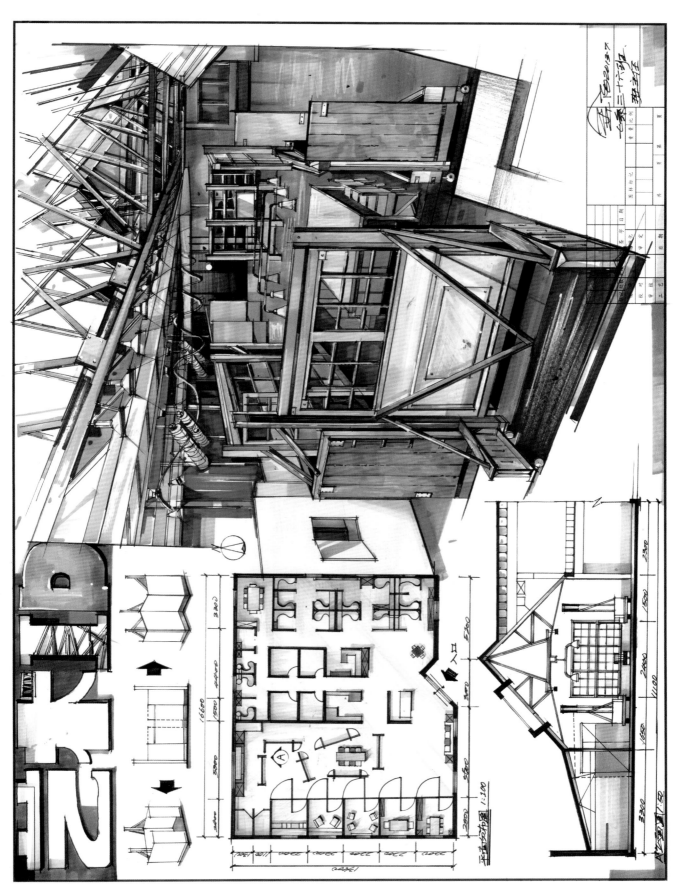

图6-2　LOFT空间改造设计　金阳　绘

三、设计事务所设计之一

1. 快题设计任务书

该快题为一设计事务所设计，空间长15m，宽9m，高6m，框架结构，柱截面600mm×600mm，门窗均设置于长边，入口位置自定，宽边为实墙。要求在4小时内按照设计事务所要求进行快题设计，绘制平面图、天花图、剖/立面图、场景彩色透视图并撰写简短的设计说明。

2. 点评与解析

案例表现见图6-3。

优点：

（1）空间组织形式较好。入口采用"内凹"形式设计，突出、醒目，能够吸引客户的注意力。采用"平行和对应"的设计形式组织空间，空间利用率较高。局部尽端之处采用"小半圆"形式设计，增加了视觉中心的限定度。利用开敞空间和封闭空间进行空间区分和识别，使整体空间分区明确且富于变化。

（2）功能及功能关系较好。按照设计事务所设计要求进行平面布局，一层设置了门厅（含前台、等候等功能）、展示、洽谈、公共办公区（按照单元式办公设计，包括设计师和设计主管办公区）、卫生间等功能；二层设置了总经理办公室、会议室、财务室、卫生间等区域，功能齐全。合理利用朝向进行布局，在南向布置洽谈区、总经理办公室等，功能布局合理。

（3）流线清晰。采用"直线式"形式布局，流线清晰、明确。按照"入口→接待→展示→洽谈→公共办公设计区→总经理室"程序设计，符合设计事务所行为模式要求。

（4）设计说明完整。采用"图文并茂"形式阐述设计构思，加上"泡泡图"形式的功能分析和材质色块的表达，增加了整体设计说明的含金量。

不足：

（1）空间细部处理欠推敲。如：一层设计区把设计师和设计主管办公室分隔为两个独立区，不符合正常的工作行为模式（建议合二为一，改为大的开敞空间，便于日常工作的开展）；二层财务室面积较大，造成空间浪费（建议对二楼的总经理办公空间进行调整，增加睡眠休息功能，体现总经理的空间特性）。

（2）楼梯的顶面表达不符合规范，图纸中的工程字体、POP字体等缺乏工程制图感。

（3）局部顶棚界面处理欠佳，如展示区缺少投射灯的应用。

四、设计事务所设计之二

1. 快题设计任务书

该快题为一设计事务所设计，尺寸为10m×10m，砖墙结构，要求在3小时内根据设计事务所的功能要求进行设计，绘制平面图、天花图、立面图、效果图并撰写简要的设计说明。

2. 点评与解析

案例表现见图6-4。

优点：

（1）在3小时内按照要求进行设计，符合图幅量要求，构图合理。

（2）平面设计根据事务所功能要求设置了接待区、工作区、洽谈区、财务室、卫生间等，满足了基本的功能要求。

（3）按照"入口→接待区→展示区→工作区→洽谈室→财务室→资料室→卫生间"的程序进行设计，符合设计事务所的功能要求。

（4）空间流线符合客户的行为习惯，动静分区较好。

（5）天花设计采取了现代简约风格，形式感很好。

（6）立面表达清晰，配有必要的设计说明。

（7）效果图表达简练，富有设计感，空间的灰调子增强了现代感与时代感。

不足：

（1）入口门为了消防需要，最好设计成向外开。

（2）接待区和展示区放在一起，可以减小接待区的面积，突出主题。

（3）办公区的"L"形工作台可以再推敲，应考虑员工进入工作台的流线。

（4）通道上方应设置必要的灯光。效果图和平面图对应不上，在表达时尽量不要有太大出入。

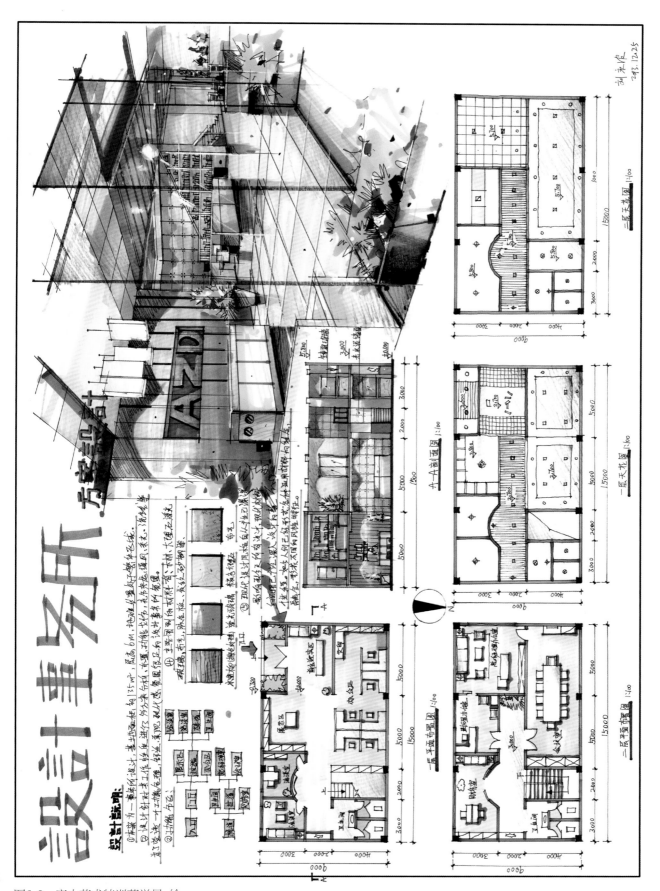

图6-3　庐山艺术特训营学员　绘

图6-4 庐山艺术特训营学员 绘

五、文房四宝专卖店设计

1. 快题设计任务书

该快题为一文房四宝专卖店设计，尺寸为6m×10m，框架结构，入口选在临街短边，要求在4小时内按照设计要求完成快题设计，绘制平面图、天花图、立面图、场景效果图并撰写简要的设计说明。

2. 点评与解析

案例表现见图6-5。

优点：

（1）设计构思很有创意，毛笔的放大形成柱状，渲染了空间氛围感。

（2）按照专卖店的功能要求进行平面布局，设置了门厅、展示区、休息区、接待区、卫生间及储藏间等，功能齐全。

（3）按照"入口→门厅→展示→休闲→收银"的程序进行设计，符合正常的专卖店空间顾客行为模式，流线清晰。

（4）俯视的功能分区图和流线分析图使整个场景一目了然，这种表达方式比较有说明性。

（5）立面图表达得较多，空间交代得很清晰，天花图的灯具说明清楚，布局简单规矩。

（6）效果图的表达最能体现整个空间的真实效果，属于立体式的表达方式，此空间采取了一点透视表达方法，色彩简练干净，空间进深感很强。

不足：

（1）整个快题表现有点儿粗糙，可能由于时间有限。另外，尽量注意尺寸的概念。

（2）制图不够严谨，图名表达及立面图符号标注不准确。

（3）天花图把重要的艺术吊灯放在后边不太合适，储藏间和外面营业区域应该是分开吊顶的。

（4）西向的平面上没有设置窗户，而效果图上画出很长的玻璃窗，注意平面布局和空间效果表达的对应。

六、酒店大堂空间设计之一

1. 快题设计任务书

该快题为一酒店大堂空间设计，面积约450m²，框架结构，入口设置在临街的南向，根据要求进行绘制平面图、立面图、效果图并撰写必要的设计说明。

2. 点评与解析

案例表现见图6-6。

优点：

（1）整幅画面第一感觉很大气，很吸引人，表达比较丰富。

（2）方案的设计功能布局合理，符合酒店大堂的空间要求，功能明确、流线清晰，设置了门厅、等候区、休闲区、就餐区、接待区并进行了景观设计。

（3）立面表达尺寸关系明确，比例正确，标注了必要的材质名称。

（4）功能分析以色块来表现很好。快题标题书写有创意，整体工程制图感较强。

（5）效果图是整幅画面的重点，也最吸引人，采取了一点斜透视的表达方法，空间大气、丰富，天花设计采取木格形式使空间显得很精致。

不足：

（1）大堂入口缺少设计，且墙体不应是封闭的，多注意这个代表酒店大堂门面的设计。

（2）立面指向符号文字标注不正确，还要注意物体的尺寸大小。

（3）如果时间允许，建议立面图表达的尺寸再完整些。

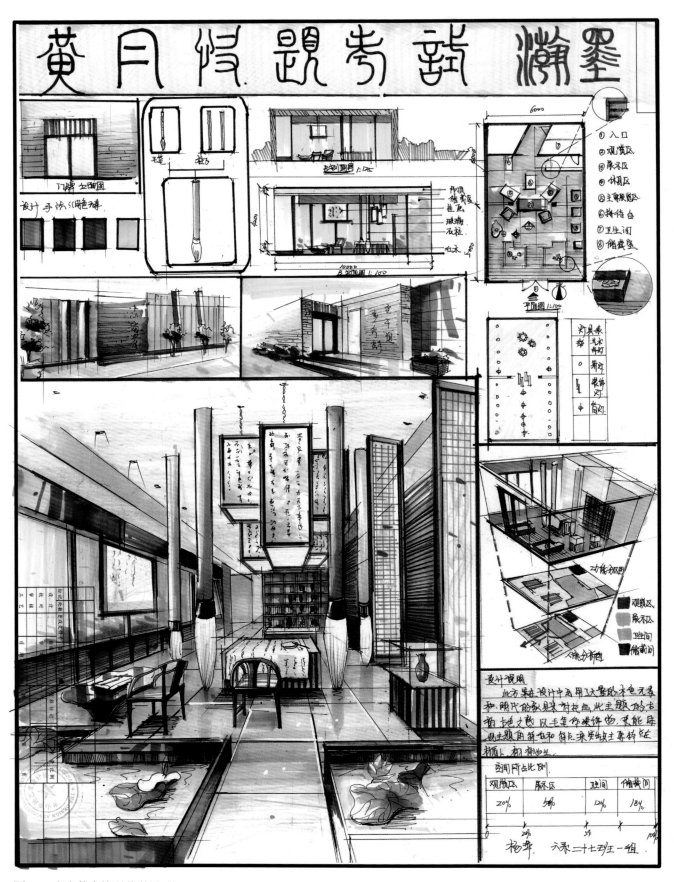

图6-5 庐山艺术特训营学员 绘

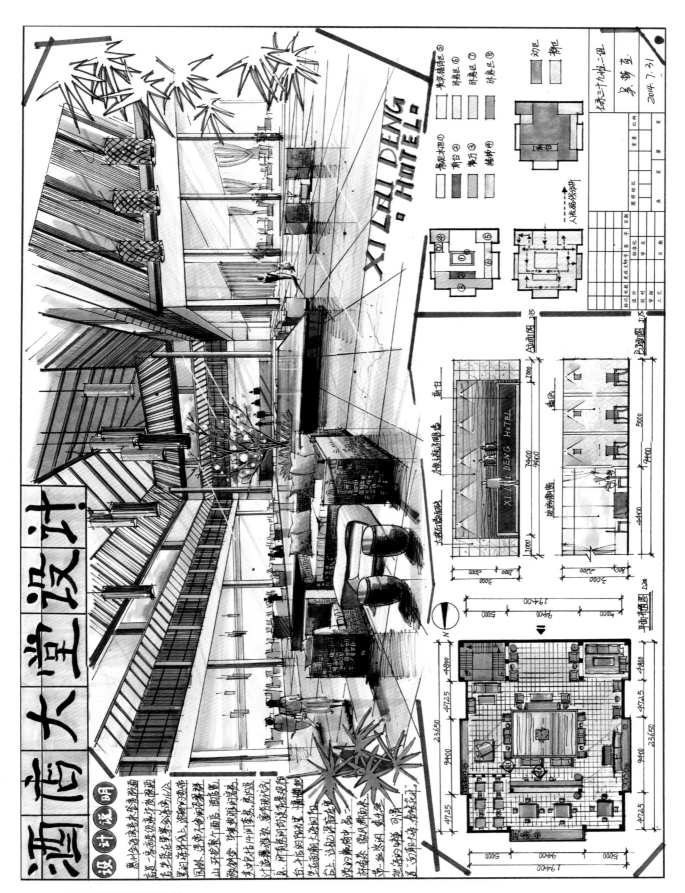

图6-6 庐山艺术特训营学员 绘

七、酒店大堂空间设计之二

1. 快题设计任务书

该快题为一度假酒店大堂空间设计，面积约650m²，框架结构，入口设置在临街的南向，根据要求进行绘制平面图、立面图、效果图并撰写必要的设计说明。

2. 点评与解析

案例表现见图6-7。

优点：

（1）整幅画面第一感觉很大气，效果图表达很吸引人，画面中人物描绘得很生动，表达比较丰富。

（2）方案的设计功能布局合理，符合度假酒店大堂的空间要求，功能明确、流线清晰，设置了大堂吧、等候区、休闲区、就餐区、接待区并进行了景观设计。

（3）效果图是整幅画面的重点，也最吸引人，色彩表达简洁明快，用笔大气、酣畅淋漓。采取了两点透视的表达方法，空间大气、丰富，天花设计采取木格形式使空间显得很精致。

（4）整体工程制图感较强，立面表达尺寸关系明确，比例正确，标注了必要的材质名称。

不足：

大堂一侧缺少次入口设计，且墙体不应是封闭的，空间浪费较大。

图6-7　庐山艺术特训营学员　绘

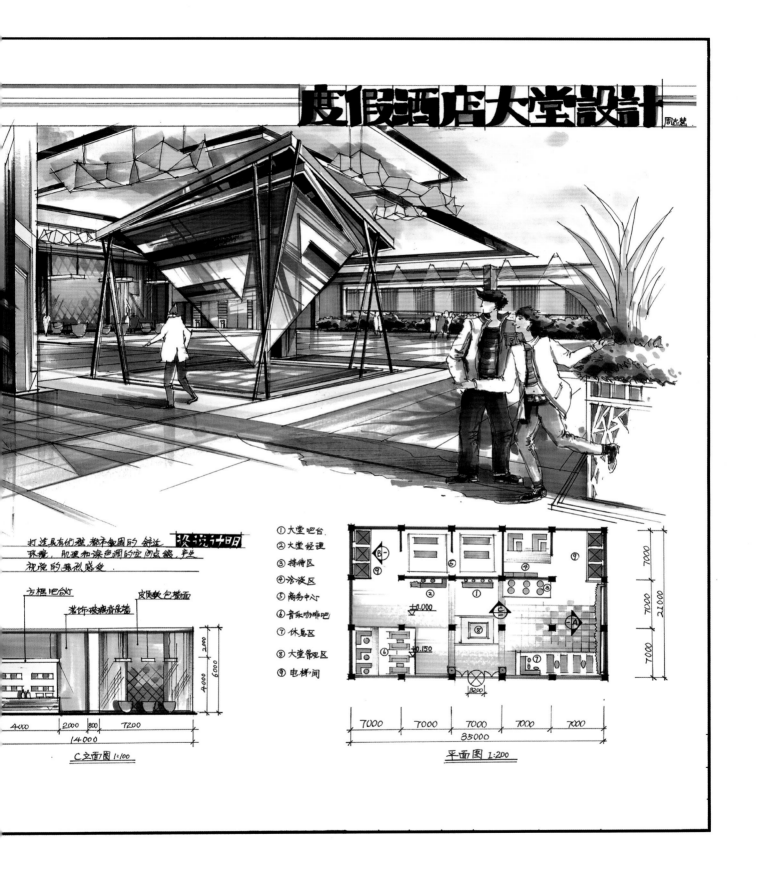

度假酒店大堂设计 周远慧

① 大堂吧台
② 大堂经理
③ 接待区
④ 洽谈区
⑤ 商务中心
⑥ 音乐咖啡吧
⑦ 休息区
⑧ 大堂景观区
⑨ 电梯间

打造具有优雅、都市氛围的舒适环境，肌理和淡色调的空间点缀，产生视觉的强烈感受。

设计说明

方框吧台灯　皮质软包墙面
装饰玻璃背景墙

C立面图 1:100

平面图 1:200

八、售楼处空间设计

1. 快题设计任务书

该快题为一售楼处空间设计，面积约500m²，入口设置在临街面，根据空间功能要求进行设计，绘制平面图、天花图、立面图、效果图并撰写简要的设计说明。

2. 点评与解析

案例表现见图6-8。

优点：

（1）采取同向两个入口，形式新颖，增加了进入空间的任意性。

（2）空间根据不同功能设计了高低差，丰富了空间的观赏性且分区明确。

（3）按照"入口→咨询→展示→洽谈→资料室→卫生间"的顺序进行设计，符合正常的顾客参观售楼处的行为方式。

（4）天花图根据不同空间进行不一样的形式设计，采取了上下对应的方式较好。

（5）两张效果图的表现方式更加说明了空间的布局和融合方式，材料及环境交代得很清楚。

（6）整体表达较细，工程制图感较强，功能之间进行了仔细推敲。

不足：

（1）空间内不要有太多的高低起伏，避免发生磕碰。

（2）为了消防需要，楼梯间最好和电梯间就近设置。

（3）立面图表达场景太小，不能说明主要的立面设计。

（4）标题应注明空间名称，避免阅图者分不清空间属性。

九、办公空间快题设计

1. 快题设计任务书

该快题为一办公空间设计，面积约350m²，位置处于写字楼内。根据任务书要求进行快题设计，需要绘制效果图、平面布置图、功能分析图、立面图并撰写200字左右的设计说明，时间为6小时。

2. 点评与解析

案例表现见图6-9。

优点：

（1）本套快题方案版式布局采用竖构图，效果图、平面布置图、立面图、分析图、设计说明一应俱全。

（2）主效果图采用一点透视表达，透视准确；马克笔运用娴熟，采用平涂的画法；画面中造型准确，装饰趣味很强，尤其是窗户处的装饰图案设计。

（3）平面布置图交通流线顺畅，其平面布局按照"入口→前厅接待区→敞开式办公区→设计室→会议室→财务室→资料室→卫生间"的顺序进行设计，符合办公空间设计功能要求。

（4）立面图与设计说明表达明确，文字翔实，紧扣题意。

不足：

（1）画面主效果图用色略显单调，空间的使用材质和装饰工艺无法清晰表达；大面积的马克笔平涂容易造成空间的压抑感，应该有适当的笔触。

（2）从空间的设计创意来看，没能准确表达该空间的使用性质，整个设计像是个儿童趣味空间。

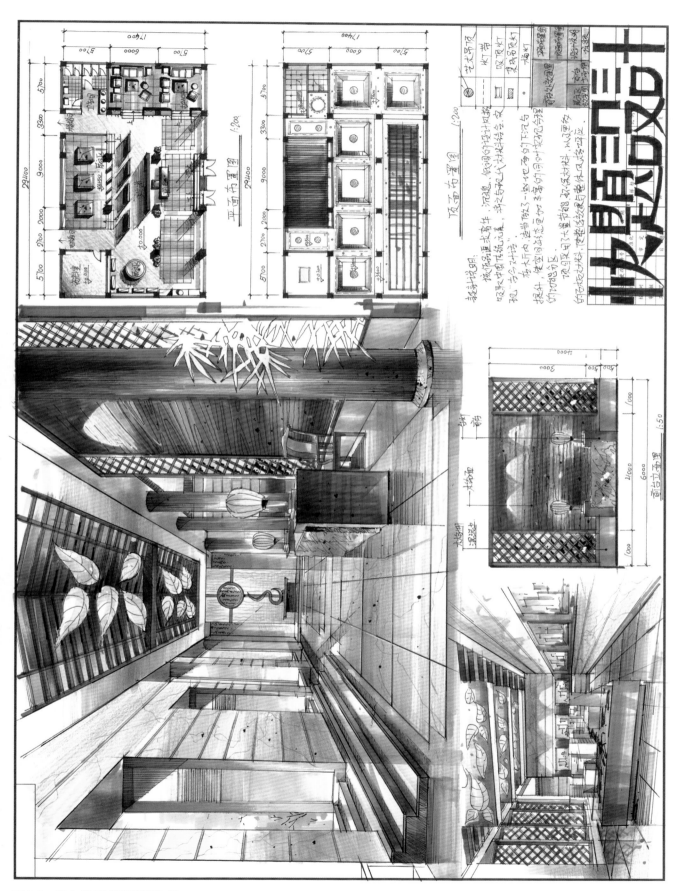

图6-8 庐山艺术特训营学员 绘

图6-9 庐山艺术特训营学员 绘

十、主题餐饮空间设计之一

1. 快题设计任务书

该快题为以"简·尚"为主题的餐饮空间设计，面积约为300m²，位置自定。根据任务书要求进行设计，绘制效果图1张、平面布置图1张、功能分析图3张、立面图2张，并撰写150字左右的设计说明，完成时间为6小时。

2. 点评与解析

案例表现见图6-10。

优点：

（1）该快题方案采用竖版版式，主效果图所占版式面积很大，增加了整张快题的视觉冲击力，这样的表达方式优点在于可以在众多试卷中"脱颖而出"，但这种表达方式"有风险"。

（2）根据题目要求绘制图幅数，没有缺图少图，达到基本要求。平面图交通流线顺畅，由"主入口→等候区→用餐区→取餐区→卡座区→厨房"等区域组成。厨房操作区设置得比较合理，员工活动区位置较大。

（3）主效果图大面积使用暖色，很好地突出了餐饮空间的特点；使用了石材作为造型艺术品放置在空间中，起到了很好的点缀作用。

（4）天花图、立面图等制图准确、比例得当，表达出餐饮空间应有的工艺和材质。

不足：

（1）平面布置图包房区设置得过于简单，不够形成包围的空间感。

（2）卫生间位置不合理，平面图未表达清楚该位置。

（3）平面图与效果图对应不够明确，效果图表达的透视方向有偏差。

（4）平面图上未清晰标出墙体是否有窗户洞口，在餐饮空间应该留出应有的空间。

十一、主题餐饮空间设计之二

1. 快题设计任务书

该快题为以"森林"为主题进行餐饮空间设计，面积为200m²，位置自定。根据任务书要求进行设计，绘制效果图1张、平面布置图1张、天花布置图1张、功能分析图2张、立面图2张，并撰写150字左右的设计说明，完成时间为6小时。

2. 点评与解析

案例表现见图6-11。

优点：

（1）该快题方案采用横版版式，主效果图所占版式面积较大，增加了整张快题的视觉冲击力，这样的表达方式优点同上一案例，但同样"有风险"。

（2）从整体观看，很好地突出了"森林"主题，大量的植物元素、天花顶棚和立面的树枝型元素都很好地烘托了餐饮空间的热闹氛围。

（3）根据题目要求绘制图幅数，没有缺图少图，达到基本要求。平面图交通流线顺畅，由"主入口→等候区→用餐区→取餐区→卡座区→厨房"等区域组成。天花图、立面图等制图准确、比例得当，表达出餐饮空间应有的工艺和材质。

（4）人流动向分析图和功能分析图更好地表述了空间设计功能，整体表达较细，工程制图感较强，功能之间进行了仔细推敲。

不足：

（1）主效果图顶棚空间有太多的高低起伏，虽然造型丰富但容易造成天花的琐碎。

（2）次入口位置的设置缺乏一定的合理性。

（3）整体图面色调表达偏灰，用色稍显脏。

設計說明: 以简洁的表现形式来满足人们对空间环境那种感性的、本能的合理性的需求。这是当今国际、社会流行的设计风格——简洁明快的简快主义。而现代人快节奏、高负荷、已让人渴望得到一种放松、心情洁和纯净寻求调节轻疾精神的空间，让人的心灵得到释放，心情更加愉悦。

功能分区图

动静分区图

人口流向图

① 接待台
② 多人单独包间
③ 静区
④ 卸货区
⑤ 中心高档进餐区
⑥ 操作区
⑦ 总统理放松室
⑧ 员工活动区
⑨ 员工更衣室
⑩ 主题区

包间
卫生间

动区
静区

总平面图

立面图A

立面图B

图6-10 庐山艺术特训营学员 绘

156

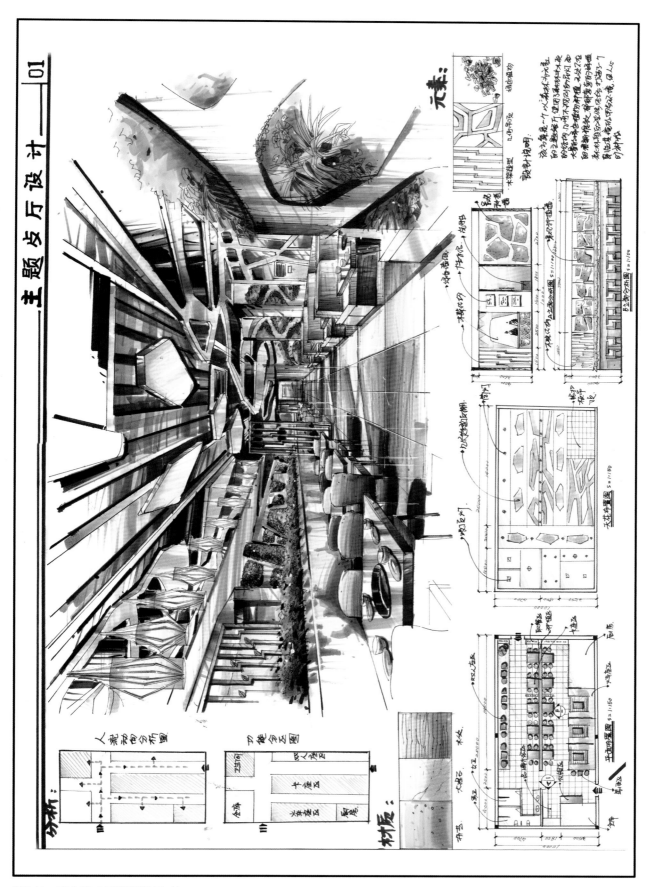

图6-11 庐山艺术特训营学员 绘

07

优秀马克笔
表现作品欣赏

INTERIOR SPACE
SKETCH DESIGN

景观小品马克笔表现

别墅建筑马克笔表现

客厅空间小景马克笔设计与表达

书房空间小景马克笔设计与表达

卧室空间马克笔设计与表达

庭院空间小景马克笔设计与表达

庭院空间小景马克笔设计与表达

陈红卫作品欣赏

客厅空间马克笔表现

沙沛作品欣赏

别墅客厅马克笔表现

别墅客厅马克笔表现

后记

绘画最早源于人类对所处生存环境及事物的一种认知，也是人类最本能的活动之一，如史前西班牙和法国的洞穴绘画，以及我国的彩陶和黑陶绘画。这一时期的绘画不需要讲究技术，任意涂抹，随心所欲，是人类最原始的"艺术"表达方式。久而久之，当人们意识到绘画具有服务功能或审美功能之后，就开始把绘画当作一门专门学问来学习和研究，更有专人来从事这项活动，于是慢慢形成了现在的绘画风貌。随着时间的推移和人类文明的发展，特别是当人类有了建造意识之后，绘画又发生了功能的转移或改变，即运用绘画的手段对未来的建造进行"构想、构思"，如我们今天能够看到的达·芬奇的建筑草图等，这些"草图"按今天的说法就是设计表现图或者说是手绘。

长期以来，手绘在设计阶段被设计师所运用，其作用和意义无须赘述。目前，无论是设计类高校还是设计机构都把手绘当作一门重要手段来运用、推广和研究，纵然在3D或VR技术流行的今天，手绘依然发挥着巨大的作用，因为它是设计构思的源头。

手绘是绘画领域的分支，需要绘画技术来作支撑。对于当今的学生来说，手绘最大的难点在于其自身的技术性，要解决这个问题需要具有一定的绘画基础，并具有将绘画基础转变成为手绘的能力。同时，还要具有掌握和运用手绘工具材料的能力（手绘与传统绘画所用的工具材料不同，如钢笔、马克笔彩铅等）。要解决这些问题，需要一个过程，这个过程是漫长的，也是艰难的，这便 是很多设计师至今还没有掌握或熟练运用手绘的主要原因。

本书自2011年出版以来深受读者青睐，多次加印，它的指导价值和参照意义显而易见。这次笔者综合读者的意见，将此书在第一版基础上进行了修订，主要是对文字讲解部分进行了必要的补充和调整，使其更具有循序性和逻辑性。另外，替换了很多旧图，期望能带给读者全新的视觉享受。笔者在本书的修订过程中，在偏重表现技术的基础上同时注重设计构思的源头展现，这无论对于注重手绘表现本身还是注重设计构思的读者来说都是福利，具有双重意义。

我们再次期盼本书在读者的学习设计表现阶段以及运用设计表现过程中，都能起到指导意义！

杨　健

2018年夏至写于广州